燃煤机组末端废水处理 可行性研究与 工程实例

华电郑州机械设计研究院有限公司 编

中国电力出版社
CHINA ELECTRIC POWER PRESS

内 容 提 要

火电厂水污染防治是当前火电行业环保技改核心工作之一。本书根据国内火电厂末端废水处理的实际情况以及作者多年工作累积的实战经验，对火电厂末端废水处理工艺进行详细地介绍，通过典型电厂的末端废水处理可行性研究，结合工程实例阐述膜法浓缩减量、低温烟气余热蒸发浓缩减量、低温多效闪蒸浓缩减量工艺及主烟道蒸发处理、旁路烟道蒸发处理、MVR蒸发结晶工艺等技术特点，针对各工艺对电厂现有系统运行的影响做了系统分析。对于其他即将开展节水和零排放可行性研究的电厂，在技术上和管理上具有重要的参考价值。

本书紧密结合工程实例，实用性强，可作为从事火电厂设计、生产运行和技术管理人员的培训及参考用书，尤其适用于作为火电厂节水与水污染防治专业技术人员的培训用书，也可供相关专业技术人员及高等院校师生参考。

图书在版编目（CIP）数据

燃煤机组末端废水处理可行性研究与工程实例/华电郑州机械设计研究院有限公司编 . —北京：中国电力出版社，2020.11（2022.2 重印）

ISBN 978-7-5198-5107-1

Ⅰ.①燃… Ⅱ.①华… Ⅲ.①燃煤机组—废水处理 Ⅳ.①TM621.2②X773

中国版本图书馆 CIP 数据核字（2020）第 205335 号

出版发行：中国电力出版社
地　　址：北京市东城区北京站西街 19 号（邮政编码 100005）
网　　址：http://www.cepp.sgcc.com.cn
责任编辑：畅　舒
责任校对：黄　蓓　王小鹏
装帧设计：张俊霞
责任印制：吴　迪

印　　刷：三河市万龙印装有限公司
版　　次：2020 年 11 月第一版
印　　次：2022 年 2 月北京第三次印刷
开　　本：710 毫米×1000 毫米　16 开本
印　　张：12.5　1 插页
字　　数：150 千字
印　　数：2501—3500 册
定　　价：88.00 元

《燃煤机组末端废水处理可行性研究与工程实例》

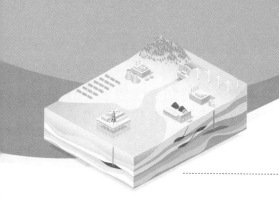

序

当前，所有火电项目的环境评价报告均由环保部门进行批复，批复对于水方面的要求基本上是水源用"中水"，各类废水处理后回用，"不得外排"，这实质上是要求废水"零排放"。但从投运电厂看，除极少数电厂达到废水零排放外，大部分电厂都有废水排放，其中包括对环境影响较大的脱硫废水和酸碱废水。究其原因，减少投资只是一方面，主要是适合电厂高含盐废水处理的成熟技术较少。

近几年，随着《水污染防治行动计划》等政策的出台，特别是国家实施排污许可制度后，电厂外排废水受到严格监督，环保风险陡增，电厂废水处理回用不外排工作得到了空前重视。对于循环水排污水、机组排水槽水、生活污水等本着优化用水、梯级用水的目标是比较容易实现的，但对于反渗透浓水、脱硫废水等所谓末端废水的处理（利用），不外排则存在一定的技术压力，主要是这部分废水水质、水量波动较大，结垢、腐蚀等危害较严重，依靠用水设施进行消纳比较困难。

华电郑州机械设计研究院作为技术咨询单位近几年承担了较多的末端废水零排放可行性研究工作，积累了丰富的研究经验，在此基础上编制了本书。本书结合实际案例系统介绍了末端废水的预处理、浓缩减量处理、零排放处理等工艺方案，虽然书中介绍的方案还存在一定的局限性，如缺少经济性评价、部分方案还有待实施验证等，但书中引用的技术数据、研究成果等均从生产现场取得，和实际结合度较高，对火电厂开展末端废水治理，达到零排放要求，具有较高的借鉴意义和参考价值。

技术没有好坏之分，要根据具体条件选用适合的技术。希望读者在借鉴本书案例时，一定要结合电厂所处的外部环境、电厂条件等进行综合评判，切不可盲目照搬，导致不良后果。

2020 年 9 月

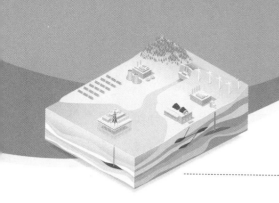

前　言

　　电力工业作为国民经济的基础产业，自改革开放以来，得到了长足发展。火力发电是电力工业的重要组成部分，随着电力生产的迅速发展及科学技术的进步，近 20 年来大批高参数大容量超临界、超超临界燃煤机组投产运行，我国火电设备制造及运行水平进入新的发展阶段。

　　火电厂是工业耗水大户，同时也是工业排污大户，其用水量约占工业用水量的 30%～40%，为提高用水效率，火电厂开展了积极有效的节水工作，但是随着废水梯级利用级数的增加，水质不断劣化，受水质及消纳用户用水量的影响，依然有大量末端废水无法继续回用。因此，如何进一步减少火电厂的用水量，提高废水的重复利用率，实现节约用水、一水多用、重复利用，对于我国电力工业的可持续发展具有十分重要的意义。与此同时，火电厂末端废水难以完全厂内消纳与废水不得外排的矛盾日益凸显，对末端废水进行零排放处理的需求也非常迫切。

　　随着国家新的《环境保护法》《水污染防治行动计划》等各项环保政策的陆续出台，以及《火力发电厂节水导则》《火力发电厂循环水节水技术规范》等一系列行业规范的颁布与实施，环保监管日趋严格，对水资源利用及水污染防治提出更高要求，而随着淡水资源的持续短缺，国家环保政策将进一步收紧。因此，提高火电厂水务管理水平，全面掌握全厂用、排水系统的水量、水质，做到"优化用水，梯级利用"，最大限度地合理利用水资源，减少废水排放量，保证废水达标排放或不排放，是节约用水、降低水耗、保护水环境的必然趋势。

顾名思义，末端废水通常是指火电厂工业废水经过分类收集、处理及浓缩后产生的无法继续利用的高含盐废水，其含盐量高，结垢离子含量高，污染成分复杂，水质波动较大。火电厂末端废水来源及其产生量因机组类型、机组数量和容量、生产用水的水源及水质、烟气处理工艺及水务管理水平不同而存在较大差异。随着越来越多的火电厂将循环冷却水补充水或全厂生产用水水源替换为城市再生水，全厂面临着废水重复利用率降低，无法利用的末端废水量增加较大等问题，有的电厂末端废水量多达每小时近百吨，厂内完全消纳处理难度较大。

本书的内容取材于国内电厂的末端废水零排放可行性研究报告，为了保证本书的系统性、完整性和实用性，书中列出了很多未公开的试验数据和研究成果，便于大家进一步了解末端废水零排放的工艺过程。

本书成书过程中，华北电力大学环境科学与工程系马双忱教授及华电水务工程有限公司、华润电力控股有限公司、盛发环保科技（厦门）有限公司、成都市蜀科科技有限责任公司、无锡多友环保设备有限公司等给予较大帮助与指导。新疆恒联能源有限公司毕玉玺、湖北能源集团鄂州发电有限公司杨鹏、江苏镇江发电有限公司夏玲、浙江大唐国际绍兴江滨热电有限责任公司彭群、国电安顺发电有限公司王刚生也一同参与了本书实例部分的编制工作。本书出版之际，谨向他们表示衷心感谢，更要感谢郑州国电机械设计研究所有限公司给予本书的支持和帮助。

鉴于编者水平和时间有限，书中难免会有不妥之处，恳请同行及读者给予批评指正，在此深表谢意。

编者

2020 年 9 月

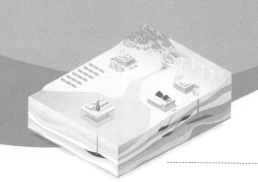

燃煤机组末端废水处理可行性
研究与工程实例

目　录

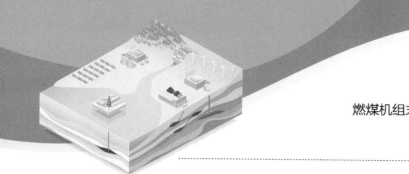

第一章 末端废水处理工艺

末端废水主要包括含盐量高、在现有技术条件下难以再利用的脱硫废水、循环冷却水排水回用处理后的浓水、酸碱再生废水等。

末端废水处理指采用经济、合理的处理方案，将废水中含盐量和污染物进一步浓缩直至固化；处理后的废水全部回收再利用，水中各项污染物以固体形式产出，通过固化填埋或进一步处理后做资源化回用。

第一节 末端废水特点

一、脱硫废水

石灰石-石膏湿法烟气脱硫过程中，烟气中的重金属、氯化物、氟化物、颗粒物及石灰石中的各类杂质和污染物进入脱硫浆液中，随着脱硫浆液的不断循环利用，氯离子及重金属元素浓缩富集，造成材料和设备的腐蚀、脱硫效率和石膏品质的降低等问题。为了将氯离子浓度和浆液密度维持在合理的范围内，需定期从吸收塔内排出一部分浆液，即脱硫废水。

脱硫废水排出方式共有三种：石膏旋流器溢流排放、废水旋流器溢流排放和石膏脱水滤液排放。

脱硫废水传统处理工艺为混凝、澄清、pH 值调节，即通常所说的"三联箱"处理工艺，通过该工艺处理后的脱硫废水中含盐量、Cl^-（8000～20000mg/L）、SO_4^{2-}（4000～18000mg/L）、硬度及碱度等仍非常高，国家与地方环保部门要求"不允许外排"时，由于在厂内难以找到将其全部回用的场所，因此作为末端废水必须进行深度处理，实现全厂废水零排放。脱硫废水的主要特点：

（1）废水偏酸性，pH 值在 5～7 之间；

（2）悬浮物含量大（石膏颗粒、SiO_2、Al 和 Fe 的氢氧化物），浓度可达几万毫克每升，同时悬浮物（SS）的含量受脱水设备、废水排放点位置、各类杂质含量等因素影响而波动较大；

（3）含有 Cr、As、Cd、Pb、Hg、Cu 等重金属；

（4）含盐量高、硬度高，含大量的 Ca^{2+}、Mg^{2+}、Cl^-、SO_4^{2-}、SO_3^{2-} 等；

（5）氟化物、氨氮、化学需氧量 COD 等指标超标；

（6）脱硫废水污染组分受煤种、脱硫系统用水水质、排放周期等因素的影响，同一电厂因排放频次变化、煤质变化以及用水水质波动，差别较大；

（7）脱硫废水为间断排放，造成水量波动较大；

（8）废水中硬度较高，后续处理系统易结垢，加药软化成本较高；

（9）废水中氯离子含量非常高，容易造成处理系统腐蚀。

二、循环冷却水排水回用处理后的浓水

为实现全厂废水零排放，循环水排水是重点和难点之一，主要因为其水量较大，提高浓缩倍数后一般电厂仍无法做到循环水排水全部梯级利用，此时需对循环水排水进行回用处理，处理后产水（淡水）回用，浓水需进行深度处理或与脱硫废水、酸碱再生废水一起作为末端高盐废水进行统一零排放处理。循环水系统排水回用处理系统产生的浓水，一般具有以下特点：

（1）含盐量较高一般达 20000～40000mg/L；

（2）氯离子、活性硅、碱度等指标一般相对较高；

（3）浓水中硬度较高，极易在后续处理系统中形成结垢，一般需进行二次软化处理。

三、酸碱再生废水

锅炉补给水/凝结水精处理系统酸碱再生废水，经过分级回收后，水质较好的作为冲洗水回用，含盐量浓度较高的酸碱废水收集后纳入全厂末端废水处理系统进行统一处理，该废水的特点：

（1）氯离子含量较高；

（2）悬浮物和硬度一般情况下相对较低。

第二节　软化预处理工艺

软化预处理的目的主要是去除末端废水中的悬浮物，Ca^{2+}、Mg^{2+}、SO_4^{2-} 等离子，避免后续处理系统出现结垢、污堵。常用的预处理主要包括药剂法软化、膜法软化及离子交换法软化等。

一、石灰处理工艺

1. 原理

石灰处理适用于碳酸盐硬度较高的水质，可除去水中的

$Ca(HCO_3)_2$、$Mg(HCO_3)_2$ 和游离 CO_2。

为避免投加生石灰（CaO）产生的灰尘污染，通常需先进行消化反应，即先将生石灰溶于水，生成 $Ca(OH)_2$

$$CaO + H_2O \longrightarrow Ca(OH)_2$$

原水中加入 $Ca(OH)_2$ 后，先去除水中的 CO_2

$$CO_2 + Ca(OH)_2 \longrightarrow CaCO_3 \downarrow + H_2O$$

然后将水中的碳酸盐硬度去除，其反应式如下

$$Ca(HCO_3)_2 + Ca(OH)_2 \longrightarrow 2CaCO_3 \downarrow + 2H_2O$$

$$Mg(HCO_3)_2 + 2Ca(OH)_2 \longrightarrow 2CaCO_3 \downarrow + Mg(OH)_2 \downarrow + 2H_2O$$

$$MgCO_3 + Ca(OH)_2 \longrightarrow Mg(OH)_2 \downarrow + CaCO_3 \downarrow$$

$Ca(OH)_2$ 还可与水中镁的非碳酸盐硬度作用，生成 $Mg(OH)_2$ 沉淀，其反应式如下

$$MgCl_2 + Ca(OH)_2 \longrightarrow Mg(OH)_2 \downarrow + CaCl_2$$

$$MgSO_4 + Ca(OH)_2 \longrightarrow Mg(OH)_2 \downarrow + CaSO_4$$

此外，$Ca(OH)_2$ 还可除去水中部分铁和硅的化合物，其反应式如下

$$4Fe(HCO_3)_2 + 8Ca(OH)_2 + O_2 \longrightarrow 4Fe(OH)_3 \downarrow + 8CaCO_3 \downarrow + 6H_2O$$

$$Fe_2(SO_4)_3 + 3Ca(OH)_2 \longrightarrow 4Fe(OH)_3 \downarrow + 3CaSO_4$$

$$H_2SiO_3 + Ca(OH)_2 \longrightarrow CaSiO_3 \downarrow + 2H_2O$$

$$FeCl_2 + Ca(OH)_2 \longrightarrow Fe(OH)_2 \downarrow + CaCl_2$$

2. 石灰加药量的计算

（1）当水中 $H_{Ca} > H_Z$ 时

$$M_{CaO} = 28 \times (H_Z + M_{CO_2} + M_{Fe} + K + \alpha)$$

（2）当水中 $H_{Ca} < H_Z$ 时

$$M_{CaO} = 28 \times (2H_Z - H_{Ca} + M_{CO_2} + M_{Fe} + K + \alpha)$$

式中　28——1/2CaO 的摩尔质量，mg/mmol（1/2CaO 计）；

M_{CaO}——石灰投加量，mg/L；

H_{Ca}——原水中的钙硬度，mmol/L（以 1/2Ca^{2+} 计）；

H_z——原水中的碳酸盐硬度，mmol/L（以 1/2Ca^{2+}+1/2Mg^{2+} 计）；

M_{CO_2}——原水中游离的二氧化碳含量，mmol/L（以 1/2CO$_2$ 计）；

M_{Fe}——原水中的含铁量，mmol/L（以 1/3Fe^{3+} 计）；

K——絮凝剂的加入量，一般为 0.1～0.5mmol/L；

α——石灰过剩量，一般为 0.2～0.4mmol/L（以 1/2CaO 计）。

石灰加药实际消耗量均大于理论计算量，因为所投入的石灰只有一部分得到利用，故除投加过剩量外，还应考虑石灰的有效利用率。有效利用率与石灰质量和投加条件有关，一般为 50%～80%。

3. 处理后的水质

（1）游离 CO$_2$。经石灰处理后，水的 pH 值一般在 8.3 以上，所以水中的游离 CO$_2$ 基本被全部去除。

（2）碱度。经石灰处理后水的残留碱度包括两个部分：一是 CaCO$_3$ 的溶解度，一般为 0.6～0.8mmol/L。二是石灰的过剩碱度，一般控制在 0.2～0.4mmol/L（以 1/2CaO 计）。因为 CaCO$_3$ 的溶解度与原水中钙的非碳酸盐硬度（CaCl$_2$，CaSO$_4$）有关，它的含量越高，经石灰处理后，出水残留的钙含量越大，则其残留碱度也越低，如表 1-1 所示。

经石灰处理后，水的残留碱度一般在 0.8～1.2mmol/L。此值还与石灰处理时的温度有关，如表 1-2 所示。

表 1-1　　水经石灰处理后可达到的残留碱度（$t = 20～40℃$）

出水残留钙含量［mmol/L(1/2Ca^{2+})］	＞3	1～3	0.5～1
残留碱度（mmol/L）	0.5～0.6	0.6～0.7	0.7～0.75

5

表 1-2 石灰处理时水温与残留碱度的关系

处理温度（℃）	5	25～35	120
水净化的总时间（h）	1.5	1～1.5	0.75～1
残留碱度（mmol/L）	1.5	0.5～1.75	0.3～0.5

（3）硬度。经石灰处理后，水的残留硬度可按下式计算

$$H_C = H_F + A_C + K$$

式中　H_C——经石灰处理后水的残留硬度，mmol/L（$1/2Ca^{2+} + 1/2Mg^{2+}$）；

　　　H_F——原水中的非碳酸盐硬度，mmol/L（$1/2Ca^{2+} + 1/2Mg^{2+}$）；

　　　A_C——经石灰处理后水的残留碱度，mmol/L（$1/2CO_3^{2+}$）；

　　　K——絮凝剂的加入量，一般为 0.1～0.5mmol/L。

不同含盐量的水，经石灰处理后，水中残留的镁硬度可以从图 1-1 中查得。

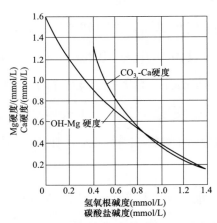

图 1-1　石灰处理后水中钙、镁残余硬度

（4）硅化合物。用石灰处理时，水中硅化合物的含量会有所降低，当温度为 40℃时，硅化合物含量可降至原水的 30%～35%。

（5）有机物。在采用石灰混凝处理时，水中有机物含量可降低 30%～40%。

二、石灰-碳酸钠处理工艺

1. 原理

对硬度高、碱度低（即非碳酸盐硬度高）的水，可采用石灰-碳酸钠软化法。即加石灰的同时再投加适量的碳酸钠。石灰一般用于去除水中的碳酸盐硬度，碳酸钠用于去除水中非碳酸盐硬度。主要工艺特点是：向废水中投加石灰后，随着废水 pH 值的升高，废水中的 Mg^{2+} 含量会逐渐降低。石灰中的 Ca^{2+} 可以与水中的 SO_4^{2-} 和 F^- 分别生成 $CaSO_4$ 和 CaF_2 沉淀，从而降低水中的 SO_4^{2-} 和 F^- 含量，但是石灰的加入会增加水中的 Ca^{2+} 含量，进而增加碳酸钠的投加量。

其反应方程式如下：

（1）去除水中非碳酸盐硬度

$$MgCl_2 + Ca(OH)_2 \longrightarrow Mg(OH)_2 \downarrow + CaCl_2$$

$$MgSO_4 + Ca(OH)_2 \longrightarrow Mg(OH)_2 \downarrow + CaSO_4$$

$$FeCl_2 + Ca(OH)_2 \longrightarrow Fe(OH)_3 \downarrow + CaCl_2$$

$$CaSO_4 + Na_2CO_3 \longrightarrow CaCO_3 \downarrow + Na_2SO_4$$

$$CaCl_2 + Na_2CO_3 \longrightarrow CaCO_3 \downarrow + 2NaCl$$

$$MgSO_4 + Na_2CO_3 \longrightarrow MgCO_3 \downarrow + Na_2SO_4$$

$$MgCl_2 + Na_2CO_3 \longrightarrow MgCO_3 \downarrow + 2NaCl$$

$$CaCl_2 + 2F^- \longrightarrow CaF_2 \downarrow + 2Cl^-$$

（2）去除部分碳酸盐硬度

$$CO_2 + Ca(OH)_2 \longrightarrow CaCO_3 \downarrow + H_2O$$

$$Ca(HCO_3)_2 + Ca(OH)_2 \longrightarrow 2CaCO_3 \downarrow + 2H_2O$$

$$Mg(HCO_3)_2 + 2Ca(OH)_2 \longrightarrow 2CaCO_3 \downarrow + Mg(OH)_2 \downarrow + 2H_2O$$

$$MgCO_3 + Ca(OH)_2 \longrightarrow Mg(OH)_2 \downarrow + CaCO_3 \downarrow$$

$$Ca(HCO_3)_2 + Na_2CO_3 \longrightarrow CaCO_3 \downarrow + 2NaHCO_3$$

$$Mg(HCO_3)_2 + Na_2CO_3 \longrightarrow MgCO_3 + 2NaHCO_3$$

$$MgCO_3 + H_2O \longrightarrow Mg(OH)_2 \downarrow + CO_2 \uparrow$$

2. 加药量的计算

（1）石灰加药量计算

$$M_{CaO} = \frac{28}{\varepsilon_1} \times (M_{CO_2} + A_0 + H_{Mg} + \alpha)$$

式中　M_{CaO}——石灰投加量；

　　　28——1/2CaO 的摩尔质量，mg/mmol（1/2CaO 计）；

　　　M_{CO_2}——原水中游离的二氧化碳含量，mmol/L（以 1/2CO_2 计）；

　　　A_0——原水中的总碱度，mmol/L（以 H^+计）；

　　　H_{Mg}——原水中的镁硬度，mmol/L（以 1/2Mg^{2+} 计）；

　　　α——石灰过剩量，一般为 0.2～0.4mmol/L（以 1/2CaO 计）；

　　　ε_1——生石灰的纯度，％。

（2）碳酸钠加药量计算

$$M_{Na_2CO_3} = \frac{53}{\varepsilon_2} \times (H_F + \beta)$$

式中　$M_{Na_2CO_3}$——碳酸钠投加量，mg/L；

　　　53——1/2 Na_2CO_3 摩尔质量，mg/mmol；

　　　H_F——原水中的非碳酸盐硬度，mmol/L（1/2Ca^{2+} + 1/2Mg^{2+}）；

　　　β——碳酸钠过剩量，mmol/L，（以 1/2Na_2CO_3 计），一般为 1.0～1.4mmol/L；

　　　ε_2——工业碳酸钠的纯度，％。

3. 处理后的水质

采用石灰-碳酸钠处理工艺时，加药量需适量，氢氧化钙或碳酸钠过量会自身发生反应从而增加水中氢氧化钠含量。

石灰-碳酸钠处理工艺产生的碳酸钙和氢氧化镁沉淀，但仍有少量的钙、镁离子残留于溶液中，可以通过维持出水中过剩碱度来调节钙、镁的溶解度。过剩碳酸盐碱度一般控制在 $0.4 \sim 1.2 \mathrm{mmol/L}$。过剩的氢氧根离子碱度一般维持在 $0.8 \mathrm{mmol/L}$ 以下。

三、氢氧化钠-碳酸钠软化处理工艺

1. 原理

氢氧化钠-碳酸钠处理工艺可以去除水中的碳酸盐和非碳酸盐硬度，在碳酸盐硬度所占比例低于非碳酸盐硬度时，适用于此方法。即在投加氢氧化钠的同时适量投加一些碳酸钠，在原水中 CO_3^{2-} 不足时，由碳酸钠补充去除非碳酸盐硬度。其软化工艺原理与石灰-碳酸钠处理类似，仅是用氢氧化钠替代石灰作为 pH 值调节药剂，先投加氢氧化钠，使废水中的重金属离子、Mg^{2+}、Si 以及部分致垢离子在高 pH 值条件下产生沉淀；再投加碳酸钠去除废水中残余的 Ca^{2+}。主要工艺特点是：先投加氢氧化钠处理废水，不会在废水中引入更多的钙离子，同时会大幅度降低碳酸钠的使用量。

其反应的方程式如下：

（1）去除水中的非碳酸盐硬度

$$CaSO_4 + Na_2CO_3 \longrightarrow CaCO_3 \downarrow + Na_2SO_4$$
$$CaCl_2 + Na_2CO_3 \longrightarrow CaCO_3 \downarrow + 2NaCl$$
$$MgSO_4 + 2NaOH \longrightarrow Mg(OH)_2 \downarrow + Na_2SO_4$$
$$MgCl_2 + 2NaOH \longrightarrow Mg(OH)_2 \downarrow + 2NaCl$$

（2）去除部分碳酸盐硬度

$$Ca(HCO_3)_2 + 2NaOH \longrightarrow CaCO_3 \downarrow + Na_2CO_3 + 2H_2O$$
$$Mg(HCO_3)_2 + 4NaOH \longrightarrow Mg(OH)_2 \downarrow + 2Na_2CO_3 + 2H_2O$$

$$CO_2 + 2NaOH \longrightarrow Na_2CO_3 + H_2O$$

此外，氢氧化钠还可以除去水中部分铁的化合物，其反应式如下

$$4Fe(HCO_3)_2 + 16NaOH + O_2 \longrightarrow 4Fe(OH)_3 \downarrow + 8Na_2CO_3 + 6H_2O$$

2. 加药量的计算

（1）氢氧化钠加药量计算

$$M_{NaOH} = 40 \times (H_Z + H_{Mg} + M_{CO_2} + M_{Fe} + K + A_C)$$

式中 M_{NaOH}——氢氧化钠投加量，mg/L；

       H_Z——原水中的碳酸盐硬度，mmol/L（以 $1/2Ca^{2+}$ + $1/2Mg^{2+}$ 计）；

       H_{Mg}——原水中的镁硬度，mmol/L（以 $1/2Mg^{2+}$ 计）；

       M_{CO_2}——原水中游离二氧化碳含量，mmol/L；

       M_{Fe}——原水中铁的含量，mg/L；

       K——絮凝剂的加入量，一般为 0.1～0.5mmol/L；

       A_C——NaOH 过剩碱度（0.2～0.4mmol/L）。

（2）碳酸钠加药量计算

$$M_{Na_2CO_3} = 53 \times (H_{Ca} - 2H_Z - M_{CO_2} + \beta)$$

式中 $M_{Na_2CO_3}$——碳酸钠投加量，mg/L；

       53——$1/2Na_2CO_3$ 摩尔质量，mg/mmol；

       H_{Ca}——原水中的钙硬度，mmol/L（以 $1/2Ca^{2+}$ 计）；

       β——碳酸钠过剩量，mmol/L（以 $1/2Na_2CO_3$ 计），一般为 1.0～1.4mmol/L。

由于各电厂的水质条件不同，加药量相差较大，软化预处理工艺的设计参数需根据电厂末端废水的水质经过试验确定。

四、微滤

1. 工作原理

微孔过滤（micro filtration，MF），简称为微滤。微滤介于常规过滤与超滤之间，同其他膜技术一样是以压力为推动力，依靠膜对过滤介质的筛分过滤进行分离。微滤用于过滤 0.1～10μm 大小的颗粒、细菌及胶体。其原理与普通过滤类似，属于筛网状过滤。微滤膜多数为对称结构，具有比较整齐、均匀的多孔结构，它是深层过滤技术的发展，在静压差作用下，小于膜孔径的粒子通过滤膜，比膜孔径大的粒子则被截留在膜面上，使大小不同的组分得以分离。

微滤使用不同孔径薄膜去除废水中大于膜分离孔的污染物。由于微滤膜孔径相对较大，出水水质不能完全保证脱盐系统的进水要求，往往会造成脱盐系统的磨损、结垢，以及降低膜的使用寿命等，甚至导致整个系统的瘫痪。为了得到更好的出水水质，同时便于生产应用、防止污染和简化系统工艺，连续微滤（CMF）和管式微滤（TMF）正逐步被推广应用，它们是传统微滤技术的深度发展，融合了微絮凝、微滤膜过滤、自动控制技术等，具有出水水质优良稳定的特点。

2. 工艺特点

微滤膜透过物质主要是水、溶液和溶解物，被截留物质主要是悬浮物、细菌、微粒子等。微滤膜孔径均匀，为均孔膜，其最大孔径与平均孔径的比值一般为 3～4，孔径分布基本呈正态分布，孔隙率高，其对液体的分离效率高，是一种可靠的精密过滤技术。微滤膜具有以下特点：

（1）孔隙率高，过滤速度快。微孔滤膜的孔隙率（即小孔的体积所占膜体积的百分比率）高，可达 $60\% \sim 90\%$，孔的数目为 $10^7 \sim 10^{11}$ 个/cm^2。同时膜薄、流道短，对流体阻力小，过滤速度快。

（2）膜很薄，吸附容量小。微孔滤膜的厚度为 $0.10 \sim 0.20$mm，纳物量极少。

（3）无介质脱落，保证滤液洁净。微孔滤膜多为高分子聚合物制成的均匀连续体，无碎屑、纤维等杂质脱落，可保证滤液洁净不被二次污染。

（4）微孔滤膜品种多，应用面广。微孔滤膜有纤维素和非纤维素两大类。这些膜除了都可以用于过滤水溶液外，还有一些膜可过滤有机溶剂、酸或碱溶液。

（5）微孔膜过滤过程无浓缩水排放。微孔膜过滤类似于机械过滤，水中的微粒和细菌等杂质几乎全部被截留，除少量杂质渗入到膜孔外，大量的杂质堆积于膜表面。

3. 进水水质要求

微滤系统的进水水质要求见表 1-3。

表 1-3 微滤系统的进水水质要求

项目	进水水质	
水温（℃）	$1 \sim 40$	
pH 值	$2 \sim 11$	
浊度（NTU）	内压	<50
	外压	<200

4. 设计注意事项

（1）根据欲截留溶质的大小选择滤膜孔径。滤膜孔径的大小是所有小孔孔径的平均值。为保证滤水水质，应选用孔径略小于溶质的微孔滤膜。

（2）根据处理液的种类选择膜的材质。对于一般水溶液、油类、饮料、酒类等，可选用醋酸纤维素膜或者醋酸-硝酸混合纤维素膜。对于酸碱性较大的溶液，应选用聚氯乙烯、聚四氟乙烯膜。对大多数有机溶液，可选用聚酰胺、聚丙烯及含氟类膜。过滤气体或者需要高温消毒，则选用聚偏氟乙烯或者聚四氟乙烯膜。

（3）根据滤液量的多少选择膜滤器的型式。微量液体过滤选择针头过滤器，少量液体可选用单层膜的板式滤器，中等液量可选用多层膜的板式滤器或者折叠滤器，而过滤大量的液体，则选用多芯的折叠式滤器等。

（4）根据运行的间断或连续性决定是否设置备用膜滤器。设置备用膜滤器时，两套膜滤器需轮流使用，以保持过滤系统的备用可靠性。

五、超滤（UF）工艺

1. 工作原理

超滤是利用筛分原理以压力差为推动力的膜分离技术之一，它能够将溶液净化、分离或者浓缩。超滤是介于微滤与纳滤之间，且三者之间无明显的分界线。一般来说，超滤膜的孔径在 $1nm \sim 0.05\mu m$ 之间，主要用于截留去除水中的悬浮物、胶体、微粒、细菌和病毒等大分子物质，而小分子溶质和溶剂穿过超滤膜，通过膜表面的微孔筛选可截留相对分子量为 $1000 \sim 50000$ 的物质，是一种可靠的反渗透预处理方法。

2. 工艺特点

超滤设备系统能耗低，生产周期短，与传统工艺设备相比，设备运行费用低，可有效降低生产成本，提高企业经济效益。同微滤过程相比，由于超滤膜的通流孔径较小，超滤系统出水水质要优于普通微滤的出水水质，更有利于保护后续的脱盐系统。但超滤过程受膜表面孔径的化学性质的影响较大，大分子颗粒和胶体极易污堵超滤膜。因此，在水质较差时，超滤系统必须采取相应的前处理措施，以保护超滤膜，最大限度地防止污染。超滤是目前技术最成熟、应用最广泛的脱盐预处理工艺。

3. 设计注意事项

（1）流速。提高流速可减缓浓差极化、提高透过通量，但需要增加溶液压力，增加能耗。

（2）操作压力。超滤膜透过通量与操作压力的关系取决于膜和凝胶层的性质。超滤过程中，往往由凝胶层控制透过通量，实际操作一般在极限通量附近进行，操作压力为 0.5～0.6MPa。

（3）温度。操作温度主要取决于所处理物料的化学与物理性质。由于温度高时可降低溶液的黏度，增大传质效率，提高透过通量，因此可适当提高溶液温度。

（4）运行周期。随着超滤过程的进行，在膜表面逐渐形成凝胶层，使透过通量逐步下降，当通量达到某一最低数值时，就需要进行清洗。

（5）浓度。随着超滤过程的进行，流体的浓度逐渐增高，此时黏度变大，使凝胶层厚度增大，影响透过通量。

（6）预处理。为了提高膜的透过通量，保证超滤膜的正常稳定运行，需要对进水进行预处理。通常采用的预处理方法有：混凝、絮凝、过滤、吸附等。

（7）膜的清洗。膜必须进行定期清洗，以保持一定的透过通量，并能延长膜的使用寿命。

六、离子交换软化工艺

离子交换软化工艺在火电厂化学制水系统有广泛应用，技术成熟。但该技术一般仅适用于纯水、除盐水制水系统中，应用在脱硫废水等末端高盐废水处理系统时，离子交换树脂将快速失效，需频繁再生，甚至无法运行，且再生废水量非常大，因此一般不单独用于末端高盐废水处理。

第三节　膜法浓缩减量处理工艺

随着末端废水中污染物浓度、含盐量的不断增高，后端吨水投资成本、运行成本增加显著，为减少进入后续固化处理的废水总量，降低废水处理系统的总投资和运行成本，一般需要进行浓缩减量处理。末端废水浓缩减量是指采用技术手段把其中的部分水分离出来，剩下盐浓度更高、总量更少的废水。

现有的浓缩减量工艺可分为膜法、热法两大类。膜法浓缩减量方法主要包括：纳滤、海水反渗透、高压反渗透、碟管反渗透、电渗析、正渗透、振动膜等。热法浓缩减量方法包括利用烟道气或蒸汽为热源，通过"多效蒸发""烟道旁路蒸发"等技术实现浓缩减量，主要包括：压缩蒸汽加热蒸发、多效蒸发、低温烟气余热蒸发、低温负压闪蒸等。

目前处理火电厂末端废水常用的膜浓缩工艺主要有纳滤、反渗透、正渗透、电渗析以及振动膜技术等。

一、纳滤

纳滤（nanofiltration，NF）是分离精度介于反渗透和超滤之间的膜分离技术，截留分子量在 20～2000 之间，是一种压力驱动的荷电膜。纳滤膜性能主要体现在其对一、二价离子的选择分离性。对于 1nm 以上的分子，纳滤膜的截留率大于 90%。在相同渗透通量下，纳滤膜两侧的渗透压差远低于反渗透，故纳滤系统的运行压力比反渗透低很多，即使在 0.1MPa 的超低压力下仍能运行，因此纳滤又被称作"低压反渗透"。目前纳滤工艺已在华能长兴电厂、国电汉川电厂、国电荥阳电厂等脱硫废水零排放工程中得到应用。

1. 分离原理

纳滤膜分离机理主要为孔径筛分作用和电荷效应，分别是基于膜孔径的大小和膜表面电荷的特性。孔径筛分效应是指在外压力驱动下，纳滤膜根据自身的孔径的大小来分离不同尺寸的不同物质，如对于胶体、蛋白质等较大物质将被截留下来，而对于小于膜孔径的物质将会透过膜。电荷效应是指当水通过纳滤膜时，膜表面带有电荷的活性基团或官能团通过电荷的排斥作用对水中点电荷和其他带电基团进行有效的截留，达到分离的目的。

纳滤膜对无机离子的去除介于反渗透膜和超滤膜之间，它对不同的无机离子有不同的分离特性，分离规律：

（1）对于阴离子，截留率依次升高：NO_3^-、Cl^-、OH^-、SO_4^{2-}、CO_3^{2-}；

（2）对于阳离子，截留率依次升高：H^+、Na^+、K^+、Mg^{2+}、Ca^{2+}、Cu^{2+}；

（3）一价离子渗透，多价离子截留。

纳滤膜分离溶质的原理与反渗透膜是一样的，通过反渗透的方式进行分离：渗透→平衡→反渗透→浓缩。

2. 纳滤膜组件使用方式

纳滤膜组件主要形式有卷式、中空纤维式、管式及板框式等。卷式、中空纤维式膜组件由于膜的充填密度大，单位体积膜组件的处理量大而常用于水的脱盐软化处理过程；对于含悬浮物，黏度较高的溶液则主要采用管式及板框式膜组件。

将多个膜元件（2～6个）串联起来放置在一个压力容器中可以使膜装置得到较高的回收率。膜组件的使用方式（见图1-2）有简单的单段式、多段式及部分循环式。单段式适用于处理量较小回收率要求不高的场合，部分循环式适用于处理量较小并对回收率有要求的场合，而多段式处理量较大并可达到较高的回收率。

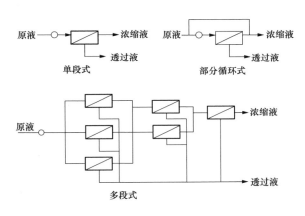

图1-2　膜组件的使用方式

3．进水水质要求

纳滤膜与其他膜类似，都存在膜污染堵塞问题，所以，高盐废水在进入纳滤系统前，常进行预处理。纳滤系统通常的进水溶解性固体总量 TDS 为 20000～40000mg/L，分离后 Na_2SO_4 极限浓度为 95000mg/L，SO_4^{2-} 极限浓度为 60000mg/L。常与反渗透或电渗析联用，实现高盐废水的分盐与浓缩。

4．纳滤膜的污染

纳滤膜污染通常是指膜通量下降以及脱盐率降低的现象，包括污染物堵塞膜通道引起的不可逆膜通量下降，浓度极化、滤饼压缩引起的可逆膜能量下降，以及其他因素造成膜的物理损伤和化学损伤使其分离率下降等问题。在纳滤膜废水深度处理过程中，其污染类型常见有以下几类：微生物污染、有机物污染、絮凝剂引起的污染、结垢引起的污染和胶体污染。

（1）微生物污染。微生物污染是指废水中的残留微生物吸附在膜表面并生长繁殖，致使膜被堵塞进而造成膜通量急剧下降。

（2）有机物污染。有机污染主要是指废水中的有机物与纳滤膜之间相互作用，使污染物吸附在膜表面并堵塞膜孔径，有机物污染造成的系统故障占全部系统故障的 $60\%\sim80\%$。进水中的有机物吸附在膜表面形成的吸附层堵塞膜通道，导致脱盐率上升。

（3）絮凝剂引起的污染。为保证纳滤系统的安全稳定运行，纳滤系统的前端一般均设置有预处理系统，通过添加絮凝剂等药剂，去除废水中的胶体、油性物质及大颗粒杂质，但是在实际生产运行中，絮凝剂对纳滤膜的污染频繁发生。因为无论是哪一类的絮凝剂，都会有一定的残留，若絮凝剂投加量过高，会在纳滤膜的表面形成二次絮凝沉淀，造成膜污染，且这种污染一般难以通过清洗去除，甚至导致在短时间内就需要更换膜。

（4）阻垢剂引起的污染。为了防止膜结垢，在保安过滤器之前投加多种膜用药剂，由于药剂相互之间兼容性及投加量原因，出现投加的药剂发生相互作用导致难溶物质析出污染膜。通常，纳滤膜表面结垢的主要成分是碳酸钙、硫酸钙、硫酸钡、硫酸锶和部分氢氧化物等。

（5）胶体污染。废水中的胶体主要是由于药剂投加量大、管路的腐蚀及大分子量的有机物进入膜系统所造成的。常见的胶体污染物有氢氧化铁、氢氧化铝和二氧化硅胶体等。

　　纳滤膜的劣化是指膜自身发生了不可逆的变化等内部因素导致了膜性能变化。化学劣化主要是发生了水解和氧化反应,这两种反应的结果最终导致膜透过流速增加,截留率下降;物理性劣化主要是膜的致密化和干燥,最终导致膜透过流速下降,截留率增大;微生物劣化主要指微生物在膜组件中利用有机物繁殖生成活污泥造成的膜污染,导致膜透过流速下降,截留率增大,而生物本身利用膜的生物降解反应,结果是膜透过流速增加,截留率下降。

　　5. 纳滤膜污染处理

　　纳滤膜污染处理方法主要是进水预处理和膜污染清洗。

　　(1)进水预处理。不同的进水水质会对纳滤膜造成不同类型和程度的污染,因此有效的进水预处理可减轻纳滤膜的污染。常见的预处理方法有超滤、微滤、活性炭过滤、臭氧氧化等。

　　(2)膜污染清洗。无论采取何种措施,膜污染都是难以避免的。因此,需要采取合理的方法对膜进行清洗,以确保膜系统的正常运行,增加膜的使用寿命。常见的清洗方法分为物理方法和化学方法。

　　1)物理方法。物理清洗主要利用清水和空气的混合体冲刷纳滤膜,去除纳滤膜表面的疏松型污染物,但物理清洗无法清除纳滤膜表面的有机凝胶层和无机垢层。常见的物理清洗方法有海绵球清洗、低压高速流清洗、超声波清洗等。

　　2)化学方法。利用化学试剂或清洁剂与膜污染物发生化学反应,去除膜表面和孔内的污染物,以减缓膜污染,恢复膜通量。化学清洗的优势在于其能有效的去除有机凝胶层和无机垢层,合适的化学清洗方法可以恢复大部分的纳滤膜通量。常用的化学清洗药剂有酸、碱、螯合剂、表面活性剂等。

　　6. 设计注意事项

　　(1)温度。温度是纳滤膜的水通量大小的影响因素之一,为了正确评价膜的性能，应选择确定某个温度作为基准，根据黏度随温度的变化规律，推测出 25℃附近，水温每升高 1℃，水通量增加 2.5％，过高的温度可能导致膜的致密化。

（2）流量。纳滤膜系统需根据膜组件内部膜的间距确定适宜的操作流量。例如某卷式膜组件内膜间距为 0.07cm，膜面流速可控制在 8～12cm/s。提高膜面流速有利于抑制膜面产生浓差极化，但同时增大了膜组件进出口的压力差，使得膜的有效操作压力降低。

（3）压力。为延长纳滤膜组件的使用寿命，通常采用略低一点的压力运行，有利于系统的长期稳定运行。

二、反渗透

1. 分离原理

反渗透技术（reverse osmosis，RO）是利用压力差为动力的膜分离过滤技术，其原理是向膜一侧的溶液施加压力，当压力超过它的渗透压时，溶剂会逆着自然渗透的方向做反向渗透。从而在膜的低压侧得到透过的溶剂，即渗透液；高压侧得到浓缩的溶液，即浓缩液。利用反渗透膜的分离特性，可以有效地去除水中的溶解盐、胶体、有机物、细菌、微生物等杂质。

2. 水质指标

水质指标的全分析，对于反渗透系统工程是最基础也是最重要的工作，也是确定预处理工艺流程最重要的化学指标根据。

（1）污泥密度指数（SDI）。有时也称为污染指数（FI），用来判断进水中胶体和颗粒物质的污染程度。SDI 是指用直径为 47mm、平均孔径为 0.45μm 的微孔滤膜，在 0.21MPa 的压力下过滤水样，记录最初过滤 500mL 水样所花费的时间 t_0，继续过滤 15min 后，再记录过滤 500mL 水样所花费的时间 t_{15}，SDI_{15} 计算式为

$$SDI_{15} = \frac{100(t_{15} - t_0)}{15\,t_{15}}$$

由于膜元件内部的给水和浓水流道非常薄，容易造成堵塞，因此，需严格控制 SDI 值。对于卷式组件，要求进水浊度小于 1NTU，最好达到 0.2NTU，$SDI < 5$；对于中空纤维组件，则要求进水浊度小于 0.3NTU，$SDI < 3$。

（2）进水温度。反渗透膜适宜的温度范围一般为 $5 \sim 40℃$，适当的提高水温，有利于降低水的黏度，增加膜的透过速度。通常在允许使用温度范围内，水温每增加 1℃，水的透过速度增加 $2\% \sim 3\%$。

（3）进水 pH 值。调节 pH 值是控制碳酸钙结垢的最简单的方法，通过测定及计算浓水的拉格朗日饱和指数（LSI）或稳定指数（DSI），可以判断碳酸钙结垢倾向。但是过低或过高 pH 值可能会造成膜的损伤。通常，醋酸纤维素膜可使用的 pH 值范围为 $5 \sim 6$，聚酰胺（PA）膜可使用的 pH 值范围为 $3 \sim 10$。

（4）有机物污染。微生物及其代谢产物是有机污染的主要原因之一。有时虽然原水中的细菌数量不多，但膜表面被截留的有机物或无机物成为它们繁殖的营养源，导致微生物大量繁殖。发生有机污染时，系统不仅表现为水通量降低，而且会发生给水隔网堵塞，进而造成过大的压力损失。严重的时候会导致膜元件发生机械损伤。通常在水质分析中用以下三个指标来表征有机污染物的含量。

1）总有机碳 TOC。总有机碳是指水中可以酸化的有机物总量，用有机物中主要成分碳的含量来表示。它不包括水中无机盐中的碳含量。水中的 TOC 可以采用红外吸收法测定。

2）生化耗氧量 BOD。BOD 是在水中存在的有机物，根据微生物的种类不同在好氧条件下将其分解并达到完全氧化时所需氧的数量。

3）化学耗氧量 COD。COD 是采用 $KMnO_4$ 或 K_2CrO_4 对水中组分进行氧化时所消耗的氧的数量，采用不同的氧化剂用不同的下标区分，例如：COD_{Mn} 和 COD_{Cr}。它是表示水中还原性物质多少的指标。

由于有机物种类繁多，对反渗透系统的危害也不一样，很难给出一个定量指标，但是如果水中的总有机碳大于 $2\sim3mg/L$ 时，应该引起足够的重视。

（5）氧化剂。由于聚酰胺反渗透膜材质本身不能承受氧化剂，所以进水中必须去除游离氯、高锰酸盐、过硫酸盐、六价铬、过氧化物、臭氧等氧化剂。

（6）油分及有机溶剂。反渗透的进水中不能含有油分和有机溶剂。油分会附着在膜表面造成透过水量降低，有机溶剂会在膜表面发生相分离而破坏机能层。

（7）化学污染物。反渗透的进水中不能含有阳离子高分子絮凝剂、阳离子表面活性剂、环氧树脂涂料及阴离子交换树脂的溶出物，这些化学物质会在膜表面形成化学污染，造成透过水量的降低。膜表面虽然与新膜看上去很接近，但微克每升单位的极微量物质也会引起透过水量的降低，而且一般的化学清洗也无法使膜恢复性能。

3. 膜污染处理措施

膜污染是指在膜过滤过程中，进水中的颗粒、胶体或溶质分子与膜发生物理化学相互作用，或因为浓差极化使一些溶质在膜表面超过其溶度积而引起的在膜表面或膜孔内吸附、沉积，造成膜孔径变小或堵塞使膜产生透过流量与分离特性发生变化的现象。

反渗透膜的污染有各种不同的类型。微观研究表明，膜表面积累的污染物从结构上看有三个层次：①松散附着的泥砂、颗粒、胶体和松散的碳酸钙垢，以及微生物；②较坚固附着区域，主要沉积的硫酸钙、硫酸钡、硫酸锶、铁及金属氧化物和氢氧化物；③靠近膜表面，这里主要沉积脱水聚合的复杂硅酸盐、结构紧密的结晶沉淀物和部分有机物，这一层结合紧密，通常很难用一般化学方法去除。

（1）悬浮物和胶体。

悬浮物和胶体是污堵反渗透膜的主要因素，也是造成 SDI 值超标的主要原因。悬浮物和胶体污染严重影响反渗透膜及纳滤膜元件运行性能，主要表现在产水流量降低，膜系统压差增大，有时也影响膜的脱盐率。由于水源及地域的不同，悬浮物和胶体的成分也有较大的差异。另外应当注意水中带正电荷的聚合物与反渗透系统中带负电荷的阻垢剂结合生成沉淀污堵膜元件。

悬浮物和胶体污染的主要症状：

1）产水量大幅度降低；

2）通过膜的压力和膜两侧的压差逐渐增大；

3）有时候导致系统脱盐率降低。

对于地表水，通过预处理可以降低水中有机物的含量，满足反渗透的进水要求。但是对于废水，尤其是高有机物的末端废水，则需要根据具体的情况，在模拟实验的基础上确定预处理的工艺方案。

（2）微生物污染。预处理也可能是微生物污染源，反渗透系统预处理管道及设备具有微生物繁殖的条件，比如活性碳过滤器及软化器是污染源；膜污染的一个常见原因是用以辅助除去悬浮固体的絮凝剂过量，这为微生物提供了适宜的生长环境；另有一种微生物存活于反渗透膜表面，专以 $NaHSO_3$ 为食而赖以生存，常规的氯氨类灭菌剂难以杀灭。海水的氯化也有利于微生物污染，氯使腐殖酸降解成生物可吸收的物质，从而维持生物薄膜的生长。臭氧也可以产生类似的反应。少量的油就能加速微生物生长，或者能聚集其他悬浮颗粒成为黏稠物质。

微生物污染重在预防。去除病原微生物并防止其增殖的常用消毒灭菌方法有：氯化及其他杀生药剂消毒、臭氧杀菌消毒、紫外线杀菌。

（3）有机物污染。有机物在原水中的种类繁多，其成分也非常复杂，超滤仅能截流水体中少量大分子量有机物或大于超滤膜过滤孔径的非溶解性有机物，绝大部分在水体中的有机物因其较小的分子量而穿过超滤后被反渗透膜截留。其主要表现为被吸附在反渗透膜表面形成有机物薄膜层，同时由于大多有机物带电荷的作用，能较牢固地贴在膜的表面。有机物的污染能很快导致反渗透膜性能的严重衰减，如反渗透膜脱盐率、产水率的快速大幅降低。

（4）结垢。部分盐类的浓度超过其溶度积在膜面上的沉淀，例如碳酸钙、硫酸钡、硫酸钙、硫酸锶、氟化钙和磷酸钙等。反渗透膜尤其要注意硅垢的形成。过饱和的 SiO_2 能够自动聚合形成不溶性的胶体硅或胶状硅，引起膜的污染。浓水中的最大允许 SiO_2 浓度取决于 SiO_2 的溶解度。

浓水中 SiO_2 的结垢倾向与进水中的情形不同，这是因为 SiO_2 浓度增加的同时，浓水的 pH 值也在变化，这样 SiO_2 的结垢计算要根据进水水质分析和反渗透的回收率确定。如果出现一定量的金属，如 Al^{3+}，可能会通过形成金属硅酸盐改变 SiO_2 的溶解度。硅垢的发生大多数因为水中存在铝或铁。因此，如果存在硅的话，应保证水中没有铝或铁，并且推荐使用 $1\mu m$ 的保安滤器滤芯，同时采取预防性的酸性清洗措施。

（5）铁氧化物污染。在一些特定的区域，地下水中富含有 Fe^{2+} 和 Mn^{2+}，以离子形态游离于水体中，当作为水源被抽到地面上与空气中的氧气相遇时，Fe^{2+} 和 Mn^{2+} 就会转化为 Fe^{3+} 和 Mn^{3+}，形成非常难溶的铁、锰氢氧化物胶体。此类水体流经 RO 膜面时，由于浓水段的浓缩，极易超过其饱和极限而沉积于 RO 膜表面。对膜体形成不可

逆转的污堵。以下为亚铁与锰的氧化反应

$$4Fe(HCO_3)_2 + O_2 + 2H_2O \longrightarrow 4Fe(OH)_3 + 8CO_2$$

$$4Mn(HCO_3)_2 + O_2 + 2H_2O \longrightarrow 4Mn(OH)_3 + 8CO_2$$

4. 反渗透膜的化学清洗

在反渗透系统运行中，所有防止膜污染的措施只能降低污染的程度或者减缓污染的速度，不能杜绝污染。因此，膜元件的污染是不可避免的。随着污染物在膜表面不断地累积，反渗透装置的产水量会逐步下降。当污染物累积到一定程度后，对反渗透的运行产生了明显的影响时，就要考虑化学清洗，以除去黏附在膜表面和浓水通道中的污物，恢复膜内部的清洁状态。

5. 高含盐废水的反渗透工艺

目前，应用于高含盐废水处理的反渗透工艺主要有：海水反渗透、高压反渗透、碟管式反渗透等。

（1）海水反渗透。海水反渗透（SWRO）是在高压泵的驱动下将进料海水分成两股：高质量的淡化水和高浓度的盐水。主要采用的是反渗透的原理，将预处理后的海水加压，利用反渗透膜的选择截留作用将海水中的溶质与溶剂分离，达到反渗透除盐的目的，产出淡水。SWRO 主要用于海水、苦咸水、脱硫废水等高盐水的淡化工程，主要有以下特点：

1）结构紧凑，寿命长。装置结构紧凑，体积小，安装简单，清洗维修免拆卸，设备操作简单，在常温操作，设备的腐蚀和结垢程度较轻，反渗透膜使用寿命 3～5 年。但膜易受重金属离子及有机物污染，对预处理要求较高。

2）应用广泛。由于其规模灵活可变，既可建设在沿海电厂实现电水联产，又可应用在海水倒灌以及高盐碱地区。

3）温度适应范围广。系统对进水温度要求不高，在 5～45℃ 条件下均可运行。

4）国产程度高，成本下降。海水反渗透中的过滤器、反渗透主机及半透膜已完全国产化。但反渗透系统中的另一关键设备高压海水泵还主要依赖进口，成熟的高压海水泵主要来自美国、丹麦、瑞士和德国。目前我国海水反渗透吨水处理成本已经从 10 年前的 7 元左右降至 5 元左右。

（2）高压反渗透。高压反渗透膜是一种在常规反渗透膜基础上开发的新产品，它仍为卷式结构，但比常规卷式海水反渗透膜元件的工作压力 6.9MPa 更高，目前主流的产品可达 8～12MPa。与碟管反渗透产品相比，其对进水水质要求略高，工作压力略低。与常规反渗透产品相比，相同的是浓水侧有结垢倾向、需进行较严格的预处理及投加阻垢剂等，不同的是其脱盐率更高。

该产品最近两年投入市场，主要为国际知名反渗透生产商的产品，目前在国内的应用案例有国电汉川电厂、国电荥阳电厂等。

（3）碟管式反渗透。碟管式反渗透（DTRO）是专门用来处理高盐废水的膜组件，在处理高盐废水以及垃圾渗滤液中已经有几十年的实际工程案例，其核心技术是 DTRO 膜柱（见图 1-3），把 DTRO 膜片和水力导流盘叠放在一起，用中心拉杆和端板进行固定，然后置入耐压套管中，就形成一个膜柱。

进水流道：DTRO 膜开放式流道与传统的卷式膜组件构造截然不同，运行过程中，原水通过膜柱底部下法兰和套筒之间的通道到达膜柱上法兰，从上法兰进入导流盘（见图 1-4），原水以极高的速度从安装在导流盘之间膜片的一端流入到另外一端，然后从下面导流盘中心的槽口流出，进入下一膜片，从剖面看形成一个双 S 形行进路线，膜柱末端的出水就是浓缩液。导流盘间距很小且导流盘的上下表面存在

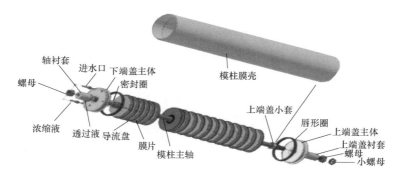

图 1-3 DTRO 膜柱组成示意图

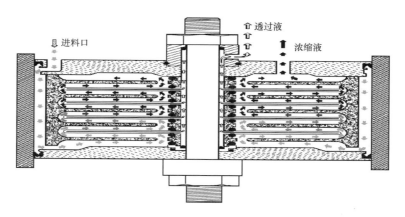

图 1-4 DTRO 膜柱流道示意图

着不规则的凸点突起，这种独特的构造使得进水极易形成湍流，可以提高透过率、降低膜堵塞和膜表面浓差极化现象，降低膜污染的几率，延长膜片的使用寿命。

透过液流道：过滤膜片由两张同心环状反渗透膜组成，膜中间夹着一层丝状支架（见图 1-5），使通过膜片的浓缩液体可以快速流向出口。这三层环状材料的外环用超声波技术焊接，内环开口，为净水出口。浓缩液在膜片中间沿丝状支架流到中心拉杆外围的透过液通道，导流盘上的 O 型密封圈防止原水进入透过液通道。透过液从膜片到中心的距离非常短，且对于组件内所有的过滤膜片均相等。

27

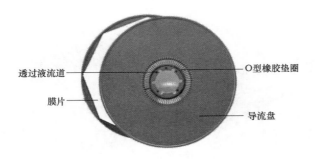

透过液流道 —— 膜片 —— O型橡胶垫圈 —— 导流盘

图 1-5　DTRO 膜片和导流盘

DTRO 作为一种膜分离工艺具有以下特点：

1）通道宽，流程短。膜片之间的通道为 2mm，液体在膜表面的流程仅 7cm，作为对比，卷式封装的膜组件的通道只有 0.2mm，而膜组件的流程为 100cm。

2）最低程度的膜结垢和污染现象。由于高压的作用，渗滤液打到导流盘上的凸点后形成高速湍流，这种湍流的冲刷下，膜表面不易沉降污染物，最大程度上减少了膜表面结垢、污染及浓差极化现象的产生。在卷式封装的膜组件中，网状支架会截留污染物，形成静水区从而带来膜片的污染。

3）适应性强。DTRO 膜片和导流盘之间有比较宽敞的通道，进入膜组的废水的浊度可达到 4NTU。这样只需要简单的砂滤器和精滤器就能满足膜组系统的要求。不依赖于预处理，可耐较高的悬浮物和 SDI，膜组抗结垢性能、抗污染性能较好，出水水质稳定。DTRO 的特殊结构及水力学设计使膜组易于清洗，避免了结垢和其他膜污染，从而延长了膜片寿命。

4）可选择性大。DTRO 组件操作压力具有 7.5、9、16、20MPa 多个等级可选，是目前工业化应用压力等级最高的膜组件，在一些浓缩倍数高的应用中，其含固量可以达到 12% 左右。

5）运行维护灵活。DTRO膜组件采用标准化设计，组件易于拆卸维护，内部任何单个部件均允许单独更换。过滤部分由多个过滤膜片及导流盘装配而成，当过滤膜片需更换时可进行单个更换，对于过滤性能好的膜片仍可继续使用，甚至当零部件数量不够时，组件允许少装一些膜片及导流盘而不影响DTRO膜组件的使用，这最大程序减少了换膜成本，这是卷式、中空纤维等其他形式膜组件所无法达到的。

三、正渗透

1. 工作原理

正渗透技术（forward osmosis，FO）是一种新兴的膜浓缩技术，是以选择性分离膜两侧的渗透压差为驱动力，溶液中的水分子从高水化学势（原料液）侧通过选择性分离膜向低水化学势（汲取液）侧传递，而溶质分子或离子被阻挡的一种膜分离过程。其中，渗透压较低一侧的溶液称为给水，渗透压较高一侧的溶液称为汲取液或驱动液。正渗透过程的驱动力是驱动液与原料液的渗透压差，系统运行过程中只需要维持膜两侧的错流循环，所需压力较低，泵压力通常在0.35MPa左右，因为不需要外压驱动，水中的污染物不易在膜表面堆积，水通量可以长期稳定，清洗周期较长。

正渗透过程是一种常见的自然渗透过程，主要由正渗透膜、膜组件、原料液和汲取液组成。目前广泛应用于海水淡化、苦咸水脱盐、工业用水脱盐等水处理研究领域。

2. 正渗透膜

一般情况下，所有致密无孔的选择性渗透膜都可以作为正渗透膜材料，例如，动物膀胱、橡胶、硝化纤维、陶瓷、反渗透膜和纳滤膜等。但是随着正渗透研究的进一步深入，人们发现用这些选择性透过膜作为正渗透膜，所得到的膜通量远远低于理论值，无法工业化使用。

从正渗透原理分析，理想的正渗透膜具有以下几个特点：①活性层要保证足够的致密性，从而能具有较高的截盐率；②活性层要具备较好的亲水性，从而可以保证较高的膜通量，同时还可以降低膜污染；③为减小内浓差极化，最好选择薄且孔隙率大的支撑层；④为了延长膜的寿命，应选择具有较高机械强度的膜；⑤为能在大范围的pH值限度及各种不同构成的溶液中工作，膜应该具有一定的耐酸、碱、盐等腐蚀的能力。美国HTI公司通过相转化法制备的具有活性层和多孔支撑层构造的三醋酸纤维素（CTA）正渗透膜。它是采用亲水性的能够提供机械支撑的聚酯筛网作为支撑材料，已经在废水回收、海水淡化等多个领域具有广泛的运用。

到目前为止，正渗透膜的制备可以分为三类：①相转化法制备的纤维素类膜。相关研究表明：大多数的非对称醋酸纤维素膜的制备方法均是通过溶质—非溶质的相转化法，利用醋酸纤维素作为膜材料制备而成。醋酸纤维素膜因具有较高的机械强度、亲水性、抗氧化性等特性而被广泛应用于反渗透和正渗透过程。②界面聚合法制备的薄膜复合膜。薄膜复合膜的制备方法是先通过相转化法制备多孔基膜，再在多孔基膜的界面上运用界面聚合法聚合形成一层活性层超薄的复合膜，最常用的界面聚合复合膜是聚酰胺薄膜（TFC）复合膜。③化学改性膜。研究人员也试图尝试对已有的功能性膜材料进行改性制备正渗透膜。

目前，正渗透膜的制备还是采用制备压力驱动膜的传统技术，新型的高性能正渗透膜的制备方法仍处在起步阶段，在一定程度上还或多或少存在一些不足。

3. 汲取液

汲取液是制约正渗透技术发展的又一核心问题，正渗透过程中作为驱动力的渗透压差也主要是依靠汲取液与原料液之间的浓度差而形成的，它是提供足够高的渗透压的一个重要的保障。在汲取液的选择中，汲取液应该能采用较简单的方法从中分离出纯水来达到获得淡水的目的。理想的汲取液溶质应该具有以下特点：①在水中的溶解度应足够高，从而可以产生较高的渗透压，因此应具有较小的分子量；②能够重复使用，可以通过浓缩和再分离技术对其进行回收再利用；③不会通过溶解、反应、污染等方式对正渗透膜产生破坏作用，廉价无毒，性质稳定。汲取液可分为三大类：无机盐汲取液、有机汲取液和其他新型汲取液。

目前，在正渗透中使用最多的汲取液是无机盐汲取液，其中比较典型的是 NH_4HCO_3 溶液和 NaCl 溶液。NaCl 具有较高的水溶性和渗透压，不易结垢，且廉价易得，特别是在临海地带，可直接利用海水作为汲取液，且不需要回收，大大节约成本，目前广泛应用于食品生产和污水处理等领域。有机汲取液主要包括糖类、乙醇、2－甲基咪唑、有机盐、聚电解质等。新型汲取液有磁性纳米颗粒和水溶胶等，但二者水通量较低，成本昂贵，不适合广泛的实际应用，目前仅用于实验室研究。

4. 工艺特点

正渗透是一种常见的自然渗透过程，与传统反渗透相比具有以下优势：

（1）自然渗透，能耗低。正渗透仅需两相间自然渗透压而无需外压驱动，所以可以降低能耗。

（2）回收率高。其产水回收率达到 75％ 或更高。

（3）抗污染，寿命长。属于非压力驱动膜过程，几乎无膜污染，膜寿命长，正渗透技术可以处理 TDS 质量浓度较高（＞70000mg/L）的浓缩液，且膜污染程度较压力驱动的膜分离技术低。

（4）结构简单。膜组件非抗高压和降低污染设计，故结构简单。

5.常用工艺流程

尽管脱硫废水已经进行了中和、絮凝和沉淀等处理，考虑到经三联箱处理后的废水中 Ca^{2+}、Mg^{2+} 和硅等物质含量仍较高，会对后续的系统产生结垢等影响，因此需要设置预处理单元以保证后续系统无重金属污染及结晶盐的品质。

正渗透最佳进水 TDS 为 50000～70000mg/L，所以在正渗透之前常设置预浓缩设备，常见的为反渗透。

以某燃煤电厂脱硫废水正渗透处理为例，工艺流程图如图 1-6 所示。

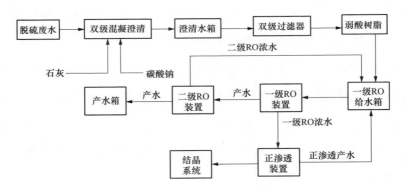

图 1-6 工艺流程图

预处理单元：预处理采用"澄清＋过滤＋离子交换"工艺，通过投加碳酸钠和氢氧化钠药剂，分别与水中的钙、镁离子反应生成碳酸钙和氢氧化镁沉淀，沉淀污泥用污泥输送泵输送到前端脱硫系统中重复利用；经澄清器软化后，水中的残余硬度约 100mg/L（以 $CaCO_3$ 计），同时混凝澄清可以去除水中部分的悬浮物、COD 和胶体硅；澄清器产水进入过滤器和离子交换器进一步去除水中残余硬度和大部分悬浮物；经离子交换软化后出水总硬度小于 10mg/L（以 CaCO$_3$ 计），可以保证系统运行过程中无无机垢类产生。

RO 预浓缩单元：该单元采用二级 RO 对废水盐分进行预浓缩，同时保证产品水质量，一级 RO 产生的浓水进入正渗透单元，一级 RO 浓水 TDS 含量约为 60000mg/L。

正渗透单元：正渗透以膜两侧溶液的渗透压差作为驱动力，使得水自发地从原料液一侧透过选择透过性膜到达驱动液一侧。正渗透浓缩单元的主要设备包括正渗透膜装置、产水汲取液回收装置、浓盐水汲取液回收装置、产水精处理系统（RO 系统）等。此外还配置了凝结水、循环冷却水、阻垢剂加药、化学清洗等辅助装置。该单元将 RO 系统预浓缩后得到的含盐水盐分浓缩至 150000mg/L 左右，随后进入结晶干燥单元，将结晶干燥单元的处理规模降至最小。

6. 存在问题

（1）浓差极化。浓差极化现象是因其溶剂从溶液中分离而造成溶质在原料液侧的膜边界层中积累，而汲取液侧的膜边界层溶液被稀释，使得二者的浓度在实际的正渗透过程中与溶液本体中的浓度之间存在一定的偏差，它在实际的正渗透过程中是不可避免。因正渗透过程中膜两侧实际的渗透压差远小于理论的渗透压差，从而导致出现了实际产生的水通量比预期的水通量要小得多。由于膜的两侧均与溶液接触，所以在正渗透过程中内浓差极化和外浓差极化这两种浓差极化现象均会发生且比较常见。一般来说，发生在膜的致密层表面的极化现象是外浓差极化，而发生在膜的多孔支撑层内部的极化现象是内浓差极化，相对于外浓差极化来说，内浓差极化在正渗透过程中的影响程度更大。

改善内浓差极化问题主要通过造膜工艺的改进来实现。一方面，尽可能减小支撑层厚度，可以减小支撑层内的浓度梯度，减轻内浓差极化效应；另一方面，改善支撑层内部的水力条件，减小支撑层孔道的弯曲因子，可以一定程度上降低支撑层的浓度梯度的斜率，减轻浓差极化。有研究资料显示，正渗透膜通量大幅下降的根本原因在于内浓差极化，它通常能使膜通量降低80％以上。

（2）浓差极化的改善方法。在正渗透运行过程中，浓差极化的存在会减小膜两侧的有效渗透压差，从而减小正渗透膜的实际水通量，是正渗透工业应用的限制因素之一。因此，改善正渗透过程中的浓差极化现象是正渗透能否工业化应用的重要挑战。目前，浓差极化的改善方法主要分为三类：膜结构和膜性能优化、汲取液优化及运行条件优化。

（3）膜污染。正渗透膜技术因为没有外加压力，所以相对于压力驱动膜分离技术，膜污染较轻。但是，长期使用引起的膜污染可能造成的影响仍不可忽视。正渗透过程中发生的膜污染可以分为4种：无机污染、胶体污染、有机污染和生物污染。无机污染主要发生在原料液浓缩的情况下，其中微溶盐如 $CaSO_4$、$CaCO_3$、$BaSO_4$ 等在正渗透膜上或附近因非均相结晶或沉积结晶而导致膜结垢。胶体污染主要由溶液中类似于硅纳米颗粒的物质引起，其通过两方面的副作用影响渗透通量，分别为增加液压阻力和阻碍滤饼层中溶质的扩散。有机污染则通常指海藻酸盐、腐殖酸和蛋白质等在正渗透过程中引起的膜污染。上述不同污染之间一般存在协同效应，其相互结合会使膜污染情况更加严重。如二价阳离子的存在除了直接在膜表面形成结垢外，还会因为在有机污染物之间起到架桥作用，致使有机与无机污染物协同作用，加剧膜污染。海藻酸盐和二氧化硅胶体污染物的相互作用也会导致水通量的急剧下降。

正渗透过程不需要外加驱动力，膜污染现象较轻，并且由于缺乏水力压力，正渗透膜表面的污染层不太紧密，可以采用简单的物理方法清洗，不需要使用化学清洗剂。膜污染对水通量影响较小，并且具有可逆性。研究者对正渗透膜生物反应器运行情况进行研究后发现，水通量并没有因为膜污染而大量衰减，通过反洗可将水通量恢复到初始通量的90%左右。

7. 应用情况

正渗透被用于含盐废水、含盐地下水、盐湖水和海水等高含盐量水的脱盐，展示出较好的应用前景。但由于浓差极化导致膜通量降低、汲取液的选择、正渗透膜材料制备、正渗透装置设备费用和运行成本较高，均制约了正渗透技术的开发及应用。

此外，正渗透膜核心技术与设备均掌握在外国公司，鉴于正渗透处理吨水投资较高，为了减少投资和运行成本，需采用反渗透膜工艺将软化过滤后的高盐废水进行预浓缩，再采用正渗透浓缩技术。由于需要配套汲取液蒸发系统、冷凝系统，能耗高，工艺流程长，运行维护复杂的同时，存在氨泄漏风险，且浓水中有机物和硅酸盐浓度高，在蒸发结晶过程中会堵塞蒸发器、结晶器和管道等，存在一定运行风险。正渗透浓缩减量技术在火电行业高盐废水处理中的工程应用案例少。

四、振动膜技术

振动膜技术是20世纪90年代发展起来的一种动态过滤膜过滤技术，振动膜技术是在常规膜基础上加入机械振动装置的一种新工艺。常规工艺的膜过滤，废水在膜表面流过，膜是静止的，絮凝物容易在膜表面沉积结垢。振动膜则将常规的膜固定在特殊的振动装置上，使膜组在扭力弹簧上高频率扭动，从而在膜和与之接触的水之间产生强大的剪切力，使得靠近膜的水和污垢颗粒形成湍动，污染物不易沉积，膜表面不易结垢，提高了膜通量，降低了膜的清洗和更换频率。

振动膜主要有两个主要部分，膜组和使膜组产生往复运动的振动机械。膜组里是圆形的平板膜，膜片可按需求使用不同精度的膜材。膜片与膜片间隙比较大，有 3mm，进口通道比较宽，不容易在进口位置产生结垢。进液通过压力从进口流到浓液口。在进料泵压力下，清液通过膜片，盐分被截留。膜面来回往复振动，在膜面产生强大剪切力，盐分难以停留在膜面，可防止膜面产生表面结晶。在高盐浓度下，结晶和未结晶的盐分被推到浓液口外排。

相较于其他膜过滤工艺，振动膜工艺用的是纯物理性过滤方法，避免使用外加化学品或高温，因此可减少污泥产生，防止二次污染。基于其高频振动的特点，可有效防止膜面结晶，实现连续生产，同时对进水硬度要求比较低，减少淤塞，提高浓缩比，振动膜的浓缩比可达到 80％～90％，即减少 80％～90％的蒸发量。振动膜是以组合形式设计，单台振动膜占地小，配套设备相对简单，可随时按处理量增加膜组件而不影响整体设计。

振动膜在国外多行业尤其是垃圾渗滤液处理中已有较多应用工程案例，在国内应用尚处于起步阶段。国内电厂脱硫废水采用振动膜进行中试项目较多，具体工程应用仍较少，具体应用情况仍有待进一步通过工程实例验证。

五、电渗析

1. 工作原理

电渗析（ED）是电解和渗析扩散过程的组合，属于膜分离技术的一种。利用离子交换膜的选择透过性，即阳膜理论上只允许阳离子通过，阴膜理论上只允许阴离子通过，在外加直流电场作用下，阴、阳离子分别往阳极和阴极定向移动，如果膜的固定电荷与离子的电荷相反，则离子可以通过，如果相同，则离子被排斥，从而实现对溶液的浓缩和分离的目的。淡水室达到除盐淡化的目的，浓水室得到浓缩后的浓水，反离子迁移是电渗析除盐的主要过程。

电渗析的核心部件是膜堆，膜堆主要是由电极、离子交换膜、隔板、夹紧装置等主要部件组成。用夹紧装置把上述各部件压紧，即形成电渗析装置。在此装置中水流分三路进出，先通水，再通入直流电流后，在直流电厂的作用下，阴离子向阳极方向移动，阳离子向阴极方向移动。

如以 NaCl 溶液为例，正电荷代表 Na$^+$ 离子、负电荷代表 Cl$^-$ 离子，如图 1-7 所示，在直流电场的作用下，Na$^+$ 离子向阴极移动，Cl$^-$ 离子向阳极移动。又由于离子交换膜的选择透过性，使 Cl$^-$ 离子只能透过阴离子交换膜，Na$^+$ 离子只能透过阳离子交换膜。在 Cl$^-$ 离子和 Na$^+$ 离子都迁出的隔室为淡化室，简称为淡室；Cl$^-$ 离子和 Na$^+$ 离子都迁入的隔室为浓缩室，简称为浓室。从淡室出来的溶液称为淡化液，

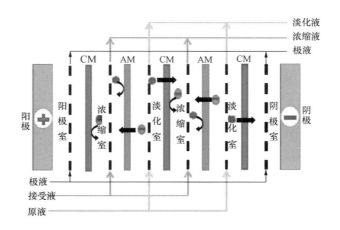

图 1-7　电渗析原理示意图

CM—阳离子交换膜；AM—阴离子交换膜；－－－－隔板

从浓室出来的溶液称为浓缩液。进入淡室的溶液为接受液，进入浓室的溶液为原液。根据工艺要求接受液和原液可以是同一溶液，也可以是不同的溶液。

另外，电极板和与其相邻的离子交换膜组成的隔室称为极室，与阳极板相邻的隔室为阳极室，与阴极板相邻的隔室为阴极室；在极室中循环的溶液称为极液。因为有电流通过，在电极板的表面会发生电解反应。当极液为 NaCl 或 KCl 溶液时，经过极室的溶液会发生电化学反应，其反应如下

阳极　　$2Cl^- - 2e^- \longrightarrow Cl_2 \uparrow$

阴极　　$2H_2O + 2e^- \longrightarrow H_2 \uparrow + 2OH^-$

离子反应式

$$2Cl^- + 2H_2O \longrightarrow 2OH^- + Cl_2 \uparrow + H_2 \uparrow$$

当极液为无水硫酸钠溶液时，经过极室的溶液会发生电化学反应，其反应如下

阳极　　$2H_2O - 4e^- = 4H^+ + O_2 \uparrow$

阴极　　$4H_2O + 4e^- = 2H_2 \uparrow + 4OH^-$

离子反应式　　$2H_2O = 2H_2 \uparrow + O_2 \uparrow$

因此，阳极室溶液会呈现酸性，阴极室溶液会呈现碱性。但前者产生的氯气具有刺激性气味，且对电极板和离子交换膜损害性较大。另外，极液中不能含有 Ca^{2+} 和 Mg^{2+}，因为其易与 SO_4^{2-} 和 OH^- 生成沉淀化合物，附着在电极板或离子交换膜表面。

2. 工艺特点

电渗析浓缩工艺的核心为离子交换膜，其在直流电场的作用下对溶液中的阴阳离子具有选择透过性，即阴膜仅允许阴离子透过，阳膜只允许阳离子透过。通过阴阳离子膜交替排列形成浓淡室，从而实现物料的浓缩与脱盐。相较于反渗透过程，电渗析浓缩过程为电场驱

动，其进水要求相对较低，仅对进水悬浮物含量及强氧化物、有机溶剂等有所限制，预处理过程简单。

然而，电渗析运行过程中产生的钙、镁碳酸盐垢和有机物、胶体等的聚积会堵塞交换膜和极板，这限制了电渗析工艺的发展速度。自动控制频繁倒极电渗析工艺的出现则有效缓解了这一难题。在运行过程中，电渗析每隔一定时间（一般为 $15\sim20\text{min}$），正负电极极性相互倒换一次，可以自动清洗离子交换膜和电极表面形成的污垢，以确保离子交换膜效率的长期稳定性及淡水的水质和水量。电渗析工艺运行管理更加方便，原水利用率可达 80%，一般原水回收率在 $45\%\sim70\%$ 之间。

常规的反渗透膜浓缩技术可以将溶液 TDS 浓缩至 $5\%\sim8\%$，电渗析技术可将溶液 TDS 浓缩至 20%。大部分膜工艺对原水中的离子含量及原水的物理指标要求比较高，原水处理不当时易造成膜孔堵塞、膜面结垢，使得脱盐率和产水量下降，甚至造成膜组件报废，而电渗析对进水水质要求相对较低，对原水含盐量变化适应性强、药耗量少、环境污染小。同时电渗析主要作用于盐，无水相变化，能量消耗较蒸发技术低。电渗析技术还具有设备紧凑、抗腐蚀、操作简单等优点。

3. 存在的问题

电渗析技术的电耗与原水中离子含量呈正比，一般用于初级脱盐，或者多级联用以达到一定的要求。电渗析只能去除水中的盐分，而不能去除水中的有机物。某些高价离子和有机物还会污染膜，所以电渗析运行过程中易发生浓度极差化而产生结垢，这些都是电渗析技术较难掌握而又必须重视的问题，因此在运行过程中需要采取一些措施克服上述问题，如提高进水水质、定期酸碱清洗等。

4. 电渗析的应用

（1）电渗析的进水水质。电渗析应用于废水处理一般是脱除废水中的盐分，然后将其回用。电渗析的进水水质不良会造成结垢或膜受污染。因此，要保证电渗析器的稳定性和具有较高的工作效率，必须控制好电渗析器的进水水质。

（2）电渗析工艺系统。在各种水处理中电渗析可单独使用，也可与其他水处理技术联用。以下是常用的三种电渗析工艺系统：

1）原水—预处理—电渗析；

2）原水—预处理—电渗析—离子交换除盐；

3）原水—预处理—电渗析—软化。

另外，还有和蒸馏、反渗透联用的各种工艺系统。

电渗析的主要特性是脱盐，其离子交换膜对有机物具有拦截效果。同时，电渗析工艺本身对废水预处理后水质要求较低、适应性强、耐污染。因此，将电渗析工艺应用于高盐废水、高有机物废水的处理能够较为容易分离盐分和有机物，简化后续的处理工艺。但也存在着离子交换膜拦截效率不够高，能耗高的问题，需要从提高膜性能、设计合理的工艺流程、改进电渗析装置等方面入手。

第四节　热法浓缩减量处理工艺

热法浓缩技术是利用热源对废水持续进行加热使得水分子连续蒸发，从而使废水不断浓缩并最终得到蒸馏水和浓缩液。浓缩液又可通过干燥器或喷雾干燥进一步蒸发得到固体盐。由于蒸发浓缩过程水汽相变需消耗大量热量，因而成本通常较高，一般不作为预浓缩技术，除非有廉价的热源，通常作为干燥处理前的浓缩，与干燥器串联使用。

热法处理工艺是一个比较成熟的工艺路线，用于海水淡化、废水处理已经有很多年，主要有机械蒸汽再压缩（MVR）、低温烟气蒸发浓缩、低温多效闪蒸等工艺。热法浓缩后，浓水 TDS 一般可达200000mg/L。

一、机械蒸汽再压缩技术（MVR）

机械蒸汽再压缩技术（mechanical vapor recompression，MVR）的原理是将蒸发器排出的低品位二次蒸汽通过压缩机再次压缩到较高温度和压力，重新得到热品位较高的蒸汽并取代新鲜蒸汽作为热源。压缩后的蒸汽送入蒸发器的加热室冷凝释放热量，而料液吸收热量后沸腾汽化再产生二次蒸汽经分离后进入压缩机，循环往复，蒸汽得到充分利用。因此，机械蒸汽再压缩只要在蒸发启动时提供一定的能量使系统产生二次蒸汽，然后便不再用外加蒸汽而使蒸发连续进行。

MVR 技术使得原来需要废弃的低品位蒸汽得到了充分的利用，在回收了潜热的同时提高了热效率，是现有蒸发工艺中能耗效率最高的工艺，成本是传统三效蒸发技术的 20%～30%。并且省去了二次蒸汽处理，可以节约大量的冷却水和动力消耗。因此，与 MED 技术相比，MVR 方法不仅在能耗上占有显著的优势，而且 MVR 具有占地面积小、运行成本较低、效率高、工艺简单可靠、灵活性高和物料停留时间短等诸多优点，对于废水处理过程中常见的起沫、结垢、腐蚀等问题也可以有效避免。但若物料沸点超过蒸汽压缩机设计要求，MVR 便不适于该物料蒸发浓缩的要求，须选 MED 或二者联用。目前掌握该技术的主要为国外的 GE、GEA 和 Messo 等公司，国内还处于起步阶段，关键部件需依靠进口或国外设计。

二、低温烟气蒸发浓缩

低温烟气蒸发浓缩处理是以低温烟气作为热源进入蒸发浓缩器。废水通过泵引至蒸发浓缩器雾化后与烟气直接接触换热而被蒸发、浓缩，饱和湿烟气经过蒸发浓缩器内的除雾器处理后进入主烟道。高盐废水经过低温烟气蒸发处理后形成冷凝水和浓缩液两部分，冷凝水可以回用作脱硫工艺水，浓缩液进入下一阶段处理系统。

低温烟气蒸发浓缩系统采用大流量循环蒸发方式，废水浓缩，含盐量一般控制为 200000mg/L，低温烟气蒸发浓缩处理系统示意图如图 1-8 所示。

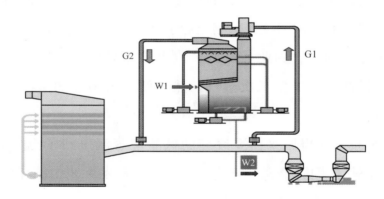

图 1-8　低温烟气蒸发浓缩处理系统示意图

G1—低温烟气入口；G2—低温烟气出口；W1—脱硫废水入口；W2—浓缩液出口

低温烟气浓缩塔为废水浓缩单元的主体设备，原理是通过碳化硅循环泵将废水进行雾化处理，抽取小部分锅炉引风机后热烟气进入塔内，热烟气与雾状浆液在塔内直接接触换热蒸发，饱和湿烟气经盐水除雾器气液分离后由浓缩器顶部排出，脱硫废水经蒸发浓缩达到高倍率浓缩后定期排出，送至废水干燥单元。低温烟气浓缩塔结构图如图 1-9 所示。

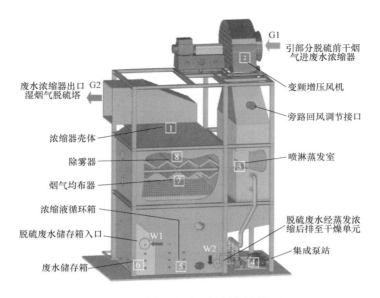

图 1-9 低温烟气浓缩塔结构图

三、低温多效闪蒸

1. 工作原理

闪蒸浓缩与蒸发浓缩不同，其原理是利用物质的沸点随压力的降低而降低的特性，当高压高温流体经过减压，使其沸点降低，进入闪蒸罐，因流体温度高于该压力下的沸点，在闪蒸罐中迅速沸腾汽化，并进行两相分离，从而实现闪蒸浓缩减量。

具体处理流程如下：

首先，末端废水由给料泵送入一效分离器，再由一效循环泵输送至一效加热器进行循环加热，当废水加热至一定温度后进入第一效分离器内的汽液两相入口交界面处，在相应的真空度下闪蒸，蒸汽随着抽取的真空被向上带走，经除雾器去除液滴后，流向二效加热器，作为二效循环蒸发系统的热源。剩余未蒸发的物料在蒸发带走热量后，温度迅速降低，不再沸腾，向下落回分离器，并重新由循环泵打入一效加热器。物料在第一效系统内经多次自然式循环后，完成初步浓缩的料液进入第二效分离器。

其次,进入第二效内的物料运用第一效内相同的原理,在第二效系统内循环加热并完成蒸发浓缩,物料在第二效内达到设计蒸发能力后进入第三效,第三效内进一步蒸发浓缩,浓缩后的物料达到一定浓度后送入增稠器,再从增稠器的底部由排泥泵打入浓水箱,送入后续单元进行零排放处理。

最后,完成一效加热任务的蒸汽进入首端冷凝器冷却成水,进入首端凝结水箱。完成第二效加热及第三效加热的蒸汽及由第三效分离器出来的蒸汽经尾端冷凝器冷却后,进入回收水箱,作为回收水利用。废水三效闪蒸浓缩处理工艺流程图如图 1-10 所示。

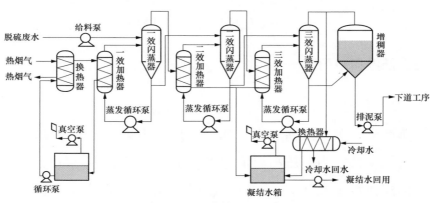

图 1-10　废水三效闪蒸浓缩处理工艺流程图

2. 热源选择

低温闪蒸工艺常规设计中,热源一般取自电厂除尘器/引风机之后的主烟道内烟气余热,在主烟道内加装的换热器,将低温闪蒸系统内的除盐水通过气液两相换热加热成高温蒸汽,进入低温闪蒸系统,作为一效换热的热源;若除尘器之后主烟道内的烟气温度较低,亦可从低低温换热器(GGH)装置等其他热源引出部分热水作为系统热源,将低温闪蒸系统内的除盐水通过液液两相换热加热成高温蒸汽,进入低温闪蒸系统,作为一效换热的热源。低温闪蒸工艺热源的选取，需根据电厂具体条件确定，当主热源选定以后，该工艺一般设计一路高品质的蒸汽作为备用热源，在机组负荷较低时调峰使用。

3. 工艺特点

（1）采用低温闪蒸技术，加热后的废水在低真空状态下进行闪蒸，从而被不断浓缩，浓缩极限可达 20％ 以上，实现能源阶梯利用，提高了能源的利用率。利用烟气余热，实现低能源消耗。

（2）回收水质好。废水经过蒸发处理，废水回收率较大，同时回收率可通过运行方式进行调整。蒸发冷凝后的废水水质较好，可直接回用。

（3）系统抗结垢能力强。

1）利用脱硫废水存在的硫酸钙或氯化钙作为"晶种"，废水开始蒸发时，水里开始结晶的钙离子和硫酸钙就附着在这些种子上，并保持悬浮在水里。利用与污垢物相同的晶体表面及对污垢物的亲和力，降低废水中硫酸钙过饱和度，使废水中析出的硫酸钙分子优先附着在悬浮的晶种上，达到防结垢的目的。

2）物料在蒸发过程中，设计合理的流速，一方面提高传热系数；另一方面对污垢层形成一定冲刷，防止结垢附着。

（4）占地面积稍大。低温闪蒸工艺需要新建多层的低温闪蒸废水处理车间，占地面积稍大，可在距离炉后区域稍远位置布置。

第五节　末端固化工艺

末端废水经浓缩减量后进行固化处理的技术主要包括：蒸发结晶、主烟道烟气余热喷雾蒸发干燥、旁路蒸发器烟气喷雾蒸发干燥等。

一、蒸发结晶技术

蒸发结晶处理技术主要有多效强制循环蒸发结晶工艺（MED）、

机械蒸汽再压缩蒸发结晶工艺（MVR），其特点为利用蒸汽或电能将废水加热蒸发浓缩直到饱和，使溶解性盐结晶析出。

1. MED 结晶工艺

多效强制循环蒸发结晶工艺（MED）是在单效蒸发的基础上发展起来的蒸发技术，其特征是将一系列的水平管或垂直管与膜蒸发器串联起来，并被分为若干效组，用一定量的蒸汽通过多次的蒸发和冷凝从而得到多倍于加热蒸汽量的淡化过程。多效蒸发中效数的排序是以生蒸汽进入的那一效作为第一效，第一效出来的二次蒸汽作为加热蒸汽进入第二效……依次类推。多效蒸发技术是将蒸汽热能进行循环并多次重复利用，以减少热能消耗，降低运行成本。在多效蒸发工艺中，为了保证加热蒸汽在每一效的传热推动力，各效的操作压力必须依次降低，由此使得各效的蒸汽沸点和二次蒸汽压强依次降低。末端废水在多个串联蒸发器中的加热蒸汽的作用下逐渐蒸发，利用前一效蒸发产生的二次蒸汽作为后一效蒸发器热源。由于后一效废水沸点温度和压力比前一效低，效与效之间的热能再生利用可以重复多次。由于加热蒸汽温度随着效数逐渐降低，多效蒸发器一般只做到四效，四效后蒸发效果就很差。虽然多效蒸发把前效产生的二次蒸汽作为后效的加热蒸汽，但第一效仍然需要不断补充大量新鲜蒸汽。多效蒸发过程需要消耗大量的蒸汽，蒸发处理 1t 水大约需要消耗 0.5～1.5t 蒸汽。由于末效产生的二次蒸汽需要冷凝水冷凝，整个多效蒸发系统比较复杂。通过多效蒸发后达到结晶程度的盐水进入结晶器产生晶体盐，通过分离器实现固液分离，淡水回收利用，固体盐外售。四效蒸发器工艺流程图如图 1-11 所示。

MED 工艺目前在国内的应用案例有广东河源电厂（四效）、华能长兴电厂（两效）。

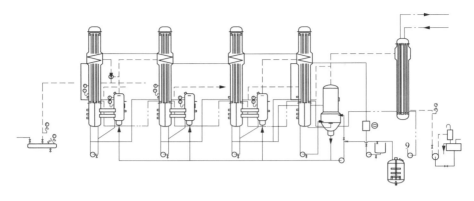

图 1-11　四效蒸发器工艺流程图

2. MVR 结晶工艺

MVR 工艺在高盐废水的浓缩和结晶处理中有较多的应用，其原理图如图 1-12 所示。常用的降膜式蒸汽机械再压缩蒸发结晶系统由蒸发器和结晶器两单元组成。废水首先送到机械蒸汽再压缩蒸发器（BC）中进行蒸发浓缩。经蒸发器浓缩之后，浓盐水再送到 MVR 强制循环结晶器系统进行进一步浓缩结晶，将废水中高含量的盐分结晶成固体，出水回用，固体盐分经离心分离、干燥后外运回用。

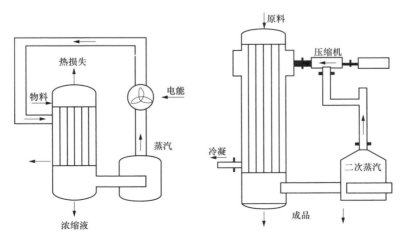

图 1-12　机械蒸汽再压缩技术原理图

47

MVR 工艺相较于其他蒸发结晶工艺，比如 MED 工艺，有超过 20 年的成熟应用经验，具有投资和运行成本低的优点，广泛应用于废水处理领域，MVR 工艺的运行成本稍高于 MED 工艺，但 MVR 系统整套设备的国产化率较高，后续维护方便。缺点就是，MED 技术未设有结晶器，结晶盐为混盐，几乎无利用价值，且产水的水质较其他蒸发结晶工艺差。

（1）蒸发器系统。高盐废水进入蒸发器系统的进料罐，将其 pH 值调整至弱酸性，再由进料泵从进料罐送至逆流板式蒸馏水换热器，利用蒸发产生的蒸馏水加热进料废水。进料废水经换热后温度升至接近沸点，并被送入除氧器。在除氧器内，进料废水喷洒在填料上，并逐级向下流动与逆流而上的蒸汽相接触，脱除不凝结气体。脱气（如氧气、二氧化碳等）的目的在于增加蒸发器的传热效果并防止产生腐蚀及结垢。经脱气后的进料废水从除氧器底部排出进入到蒸发器底槽与循环的浓盐水混合。循环泵将浓盐水送至蒸发器的顶部管箱，浓盐水流入垂直管内，均匀地分布在管子的内壁上，呈薄膜状下降至底槽。一部分水沿管壁下降时，吸收管外蒸汽释放的热能而蒸发，蒸发产生的蒸汽与未蒸发的浓盐水一起下降至蒸发器的底槽。在底槽内，蒸汽经过除雾器进入到蒸汽压缩机。

压缩机压缩蒸汽提高蒸汽的饱和温度与压力，送至浓缩器顶部换热器管束外，压缩蒸汽的潜热传到管壁内的浓盐水薄膜。另外将补充一部分新蒸汽用于维持系统能量的平衡。压缩蒸汽释放潜热的同时，在换热管外壁被冷凝成蒸馏水沿管壁下降，在蒸发器冷凝器底部积聚后，流入蒸馏水罐。并由泵经蒸馏水换热器后外排回用。蒸馏水流经换热器时，对新进的高含盐废水加热。为控制蒸发器内浓盐水的 TDS，浓缩器底槽内的部分浓盐水被排至结晶系统的结晶罐当中进行结晶处理。机械蒸汽再压缩蒸发器构造和工艺流程图如图 1-13 所示。

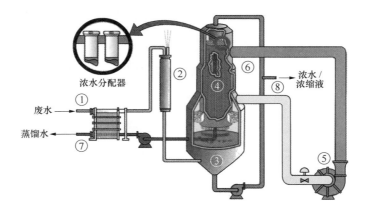

图 1-13　机械蒸汽再压缩蒸发器的构造和工艺流程图

具体操作流程（对应图 1-13 中序号）如下：

①进料废水进入给水箱，在除气和脱二氧化碳前在这里将 pH 值调整到 5.5～6.0。酸化的废水经泵流经换热器，在这里将其温度提高到接近沸点。

②废水进入除氧器与低压蒸汽逆流接触，去除水中氧气和二氧化碳等不可凝气体。

③热进料废水与盐水槽中的浓盐水相混合。浓盐水从底槽不断循环流到传热管束顶部的管箱。

④当浓盐水在传热管内部以降膜流下并返回到底槽时，一部分水被蒸发。

⑤管子内部产生的蒸气流经除雾器，进入蒸气压缩机中。压缩蒸气流到传热管的外侧。

⑥浓盐水从管子内下降，工艺蒸汽的热量被传至较冷的盐水侧，使一部分水蒸发。工艺蒸汽释放热量时，其自身冷凝成冷凝液。

⑦冷凝液经换热器泵送回，并在换热器中将热量释放给新进入的进料废水。

⑧少量浓盐水从盐水槽排出，以控制盐水槽中的盐水浓度，并在

结晶器系统将进一步处理后最终成为固体盐分。

（2）结晶器单元。来自蒸发器的浓水进入结晶器进料罐，罐内可通蒸汽进行加热。进料罐内的浓盐水由泵送至结晶器浓盐水循环管，进入结晶器。

在强制循环结晶系统中，结晶器的闪蒸罐通过循环管连接一台管壳式换热器，循环泵将浓盐水从闪蒸罐送至换热器进行热交换，因此称为强制循环结晶器。结晶器的换热器为卧式两管程换热器。结晶器进水与系统内循环的浓盐水混合，经加热器加热后，有几度温升（显热），再次进入到闪蒸罐，发生闪蒸，析出盐分结晶。从换热器出来的浓盐水从闪蒸罐中部切线进入，在罐内产生涡流。涡流的产生有助于形成更大的液体闪蒸表面。工厂蒸汽连续进入换热器壳程，将潜热释放给循环的浓盐水。蒸汽冷凝液在冷凝液罐内收集后，由泵送回用户的蒸汽冷凝液系统。

蒸汽在闪蒸罐内积聚，经除雾分离器，进入一台蒸气压缩机。蒸气经压缩后压力得以提升，其饱和温度比浓盐水的沸点高几摄氏度。压缩后的蒸气随后进入结晶器加热器的壳程，在此，蒸气释放潜热给管程的浓盐水。蒸汽在壳程冷凝后，冷凝液经收集后由泵送至蒸发器蒸馏水罐，与蒸发器蒸馏水混合后，进入板式换热器将显热释放给进水，然后进入产品水储罐储存，并回用至用户系统。

混盐晶体在结晶器闪蒸罐内不断形成。在加热和闪蒸的过程中，水蒸发出来，浓盐水变成过饱和状态，随之盐的晶体从溶液中析出。部分浓盐水从循环管道上排至离心机进行液固分离。离心母液收集在母液罐内返回结晶器。从离心机排出的固体盐回收或进行其他处置。MVR结晶器结构及流程示意图如图1-14所示。

具体操作流程（对应图1-14中序号）如下：

①进水泵送至结晶器。

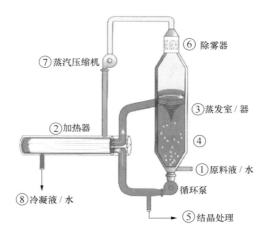

图 1-14　机械蒸汽再压缩结晶器结构及流程示意图

②进水与循环浓盐水混合，并由循环泵送至列管式加热器。由于换热管呈全充满状态，浓盐水在此承受一定的压力，不会沸腾。这样可以防止管内结垢的产生。

③循环浓盐水与结晶器闪蒸罐呈一定角度进入，随后盐浆管在罐内旋转形成涡流。此时一小部分浓盐水发生汽化。

④当水从浓盐水中蒸发，盐分就结晶析出晶体。

⑤绝大部分浓盐水仍然循环回到加热器。一小部分浓盐水从循环管线上抽出，送至脱水设备进行脱水。

⑥蒸发产生的工艺蒸汽经除雾器后，取出夹带的颗粒及液滴。

⑦蒸汽经压缩后进入结晶器加热器用于加热浓盐水，蒸汽则在壳程冷凝。

⑧蒸馏水经收集后回用。

对于蒸汽机械压缩再循环蒸发技术，除了初次启动时需要外源蒸汽外，正常运行时蒸发废水所需的热能主要由蒸汽冷凝和冷凝水冷却时释放或交换的热能提供，在运行过程中基本无潜热损失。运行过程中所消耗的仅是驱动蒸发器内废水、蒸汽、冷凝水循环和流动的水泵、蒸汽压缩机和控制系统所消耗的电能。即单一的机械压缩蒸发器的效率，理论上相当于 20 效的多效蒸发系统。虽然采用多效蒸发技术，也可提高效率，但是多效蒸发增加了设备投资和操作的复杂性。

MVR 工艺目前在国内有多个应用案例，建设前及运行中需要考虑系统产生的结晶盐合规处理、处置。

二、主烟道烟气余热喷雾蒸发干燥技术

主烟道烟气余热喷雾蒸发干燥技术（简称主烟道蒸发干燥工艺）就是将末端废水雾化后喷入空气预热器之后烟道内，利用烟气余热将雾化后的废水蒸发；在主烟道蒸发干燥工艺中，雾化后的废水蒸发后与烟气结合，部分以水蒸气的形式进入脱硫吸收塔内脱硫系统循环利用。同时，末端废水中的溶解性盐在废水蒸发过程中干燥析出，并随烟气中的灰尘一起在除尘器中被捕集。主烟道蒸发干燥工艺流程图如图 1-15 所示。

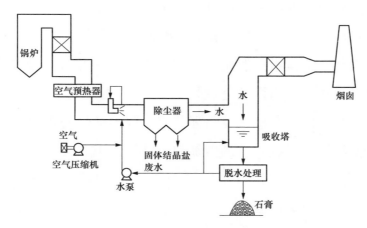

图 1-15　主烟道蒸发干燥工艺流程图

主烟道蒸发干燥工艺系统投资成本和运行能耗相对较低，并且没有结晶盐处置问题，在近年来废水零排放处理改造中应用逐渐增多。

目前在国内的应用案例有华能上都电厂、华电土右电厂、聊城信发集团茌平电厂、包铝华云新材料自备电厂、灵武电厂、莱城电厂等。

主烟道蒸发干燥工艺在运行过程中易出现烟道积灰结垢及喷嘴堵塞情况，工程实施中需要对烟道进行动态流场模拟分析，对设计要求较高。由于废水蒸发量受烟气温度、烟气量和烟道尺寸等条件的限制，烟道蒸发干燥工艺的处理消纳的水量，需要根据烟气量、烟温和烟道条件计算确定。

三、旁路蒸发器烟气喷雾蒸发干燥技术

1. 工艺流程

旁路蒸发器烟气喷雾蒸发干燥技术（简称旁路烟道蒸发干燥工艺）是引接空预器前 350℃ 左右的高温烟气作为热源，在设置的旁路烟道蒸发干燥塔（见图 1-16）内将废水雾化后蒸发。废水蒸发后产生的灰渣盐随烟气进入除尘器，被除尘器捕集去除，水蒸汽随烟气在脱硫塔内冷凝析出补入脱硫系统。

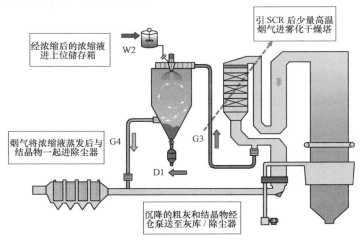

图 1-16 旁路烟道蒸发干燥塔示意图

根据废水雾化方式不同，旁路烟道蒸发干燥工艺可以分为双流体雾化工艺和机械离心旋转雾化工艺两种。旁路烟道蒸发干燥工艺的外引烟气量与废水蒸发量直接相关，对于 350℃ 左右的高温烟气，蒸发 $1m^3/h$ 的废水需要高温烟气量为 $8000\sim10000m^3/h$（标况下）。由于旁路烟道蒸发干燥工艺采用空预器入口高温烟气作为废水蒸发的热源，会减少进入空气预热器的高温烟气量，以单台 300MW 机组蒸发 $4m^3/h$ 水计算，降低锅炉效率 0.1%～0.3%。其工艺流程图如图 1-17 所示。

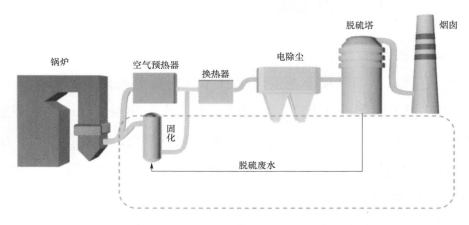

图 1-17　旁路烟道蒸发干燥工艺流程图

2. 旁路烟道蒸发干燥塔技术特点

（1）旁路烟道废水干燥塔，从空气预热器前端引入少量烟气，实现末端高盐废水的完全蒸发。即使电厂处在低负荷运行状态下烟温低，系统仍可实现稳定的进行。

（2）干燥塔内部结构简单，并可根据蒸发水量的需求进行设计，易于在现有设备上进行改造，降低了挂灰、结垢的风险；旁路干燥塔虽然与电厂烟道相连接，但属于一个独立的运行系统，可单独隔离与拆卸，有效降低对电厂原有设备的不利影响。

（3）废水完全蒸发后产生的盐分随粉煤灰一起在除尘器被捕捉去除，无需额外增设除尘装置。同时，蒸发产生的水蒸气进入脱硫系统，在脱硫系统喷淋冷却作用下凝结成水，间接补充脱硫系统用水。

（4）充分考虑可利用烟温的问题，从空气预热器前端接引烟气，且烟气流量流速可控，增大了蒸发能效；有效克服了主烟道可利用的有效蒸发长度不足，蒸发不彻底的缺点。

3. 主要设备介绍

蒸发干燥塔分为旋转雾化干燥塔和双流体雾化干燥塔两种：

（1）旋转雾化干燥塔。旋转雾化干燥塔主要包括旋转雾化干燥塔本体、旋转雾化器和烟气分布器等。

旋转雾化干燥塔本体由圆柱体和圆锥体上下两部分组成，热烟气和废水均从塔顶部进入蒸发塔内，干燥后的烟气从锥体的上部离开蒸发塔。塔体采用整体钢框架支撑，内部为空塔结构，塔顶部设置检修房，并设置检修起吊装置。蒸发塔配备有一定数量的人孔门和观察孔，人孔门和观察孔将完全不漏烟气，而且在附近设置走道或平台。蒸发塔顶设置有封闭小间，封闭小间用于防止蜗壳中心积水。旋转雾化干燥塔外形图如图 1-18 所示。

旋转雾化器的作用是经调质后的脱硫废水泵送至高速旋转的雾化盘时，在离心力的作用下，废水伸展为薄膜或被拉成细丝，在雾化盘边缘破裂分散为液滴。雾化器的转速为 10000～16000r/min，喷射出的雾滴平均直径为 50～100μm。为使进液能平稳均匀地从供液管分配至雾化盘，在主轴下端靠近雾化盘处，装有配液用专用零件。

烟气分布器设置在喷雾蒸发塔的顶部，烟气分布器的作用是使干燥用热烟气均匀地进入蒸发塔内，与雾化液滴有效地混合，使水分迅速蒸发。烟气分布器上装有一定夹角的导风板，用来控制热烟气的流向，使雾滴与热烟气的混合达到合适要求，提高雾化效率。

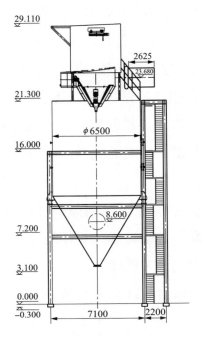

图 1-18 旋转雾化干燥塔外形图

（2）双流体雾化干燥塔。双流体雾化干燥塔热烟气经过热风分配器后，进入干燥塔与经过压缩空气雾化后精细雾滴直接切向接触，雾滴被迅速蒸发干燥；废水中的盐类最后形成粉末状的产物进入烟气除尘器入口烟道，随后被除尘器捕捉。双流体雾化干燥塔外形图如图 1-19 所示。

旁路烟道蒸发干燥工艺烟气进出口设烟气电动闸板门可与原系统隔离，设备检修或故障可与锅炉系统隔离，不影响锅炉系统正常运行。进口设烟气调节门、在线烟气流量计、在线温度传感器，可根据机组负荷、进口烟温、雾化水量、出口烟温自动调节高温烟气引入量。充分保障固化系统的高度自动化和稳定高效运行。新一代双流体雾化蒸发器内壁一般均设置有防结垢措施，在保证蒸发效率的同时，可有效降低结垢现象的发生。

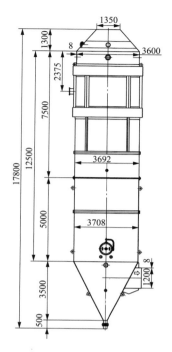

图 1-19　双流体雾化干燥塔外形图

4. 烟气系统

烟气系统烟道应具有防积灰、防爆燃的能力。在烟道外削角急转弯头、变截面收缩急转弯头处设导流和整流装置，以最大限度地提高浓缩塔及干燥塔入口烟气参数分布均匀性，并尽量降低烟道系统阻力。

目前国内应用旁路烟道蒸发干燥工艺的案例有焦作万方电厂、浙能长兴电厂、华能黄台电厂、华电扬州电厂（旋转雾化）、华电东华电厂、华电章丘电厂、国投北海电厂等。

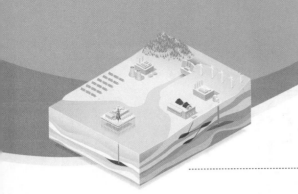

第二章　末端废水处理工艺方案实例

根据目前国内相关技术发展，结合近期相关电厂可行性研究等前期工作，筛选拟定以下 6 种末端废水处理组合工艺作为本章节的实例。

实例 1：低温多效闪蒸浓缩减量＋主烟道蒸发干燥工艺

实例 2：低温烟气蒸发浓缩减量＋主烟道蒸发干燥工艺

实例 3：低温烟气蒸发浓缩减量＋旁路烟道蒸发干燥工艺

实例 4：膜浓缩减量处理＋MVR 蒸发结晶工艺

实例 5：多种技术组合工艺

实例 6：管式膜＋电渗析＋旁路烟道/主烟道蒸发干燥工艺

第一节　低温多效闪蒸浓缩减量＋主烟道蒸发干燥工艺

一、机组概况

1. 锅炉

某电厂 1、2 号机组锅炉为东方锅炉设计制造的 DG3000/26.15－Ⅱ1 型超超临界、前后墙对冲燃烧、固态排渣、单炉膛、一次再热、平衡通风、全钢结构（带紧身封闭）、全悬吊 Π 型结构直流锅炉。锅炉参数见表 2-1。

表 2-1   1、2 号机组锅炉参数

序号	项　　目	单　位	BMCR
1	锅炉蒸发量	m³/h	3033
2	过热蒸汽压力	MPa	26.25
3	过热蒸汽温度	℃	605
4	再热蒸汽流量	m³/h	2469.61
5	再热蒸汽进口压力	MPa	4.983
6	再热蒸汽出口压力	MPa	4.783
7	再热蒸汽进口温度	℃	350
8	再热蒸汽出口温度	℃	603
9	给水温度	℃	301
10	机械未完全燃烧损失	%	0.51
11	排烟温度	℃	117
12	锅炉效率	%	94.02

3、4 号机组锅炉为 SG-2717/33.42-M7052 型超超临界、变压直流炉、切圆燃烧方式、固态排渣、单炉膛、二次再热、平衡通风、全钢构架、全悬吊结构塔式炉。锅炉参数见表 2-2。

表 2-2   3、4 号机组锅炉参数

序号	项　　目	单　位	BMCR
1	锅炉蒸发量	m³/h	2717
2	过热蒸汽压力	MPa	33.42
3	过热蒸汽温度	℃	605

续表

序号	项　　目	单位	BMCR
4	一次再热蒸汽流量	m³/h	2410.00
5	一次再热蒸汽进口压力	MPa	11.090
6	一次再热蒸汽出口压力	MPa	10.870
7	一次再热蒸汽进口温度	℃	423
8	一次再热蒸汽出口温度	℃	623
9	二次再热蒸汽流量	m³/h	2069.00
10	二次再热蒸汽进口压力	MPa	3.580
11	二次再热蒸汽出口压力	MPa	3.330
12	二次再热蒸汽进口温度	℃	444
13	二次再热蒸汽出口温度	℃	623
14	给水温度	℃	328
15	机械未完全燃烧损失	%	0.3
16	排烟温度	℃	116
17	锅炉效率	%	94.9

2. 燃料

设计煤质见表 2-3。

表 2-3　　　　　　　　　设计煤质

序号	项目	符号	单位	1、2 号机组		3、4 号机组	
				设计煤质	校核煤质	设计煤质	校核煤质
1	收到基碳	C_{ar}	%	58.94	52.30	51.09	49.08
2	收到基氢	H_{ar}	%	3.10	2.15	3.45	3.16

续表

序号	项目	符号	单位	1、2 号机组		3、4 号机组	
				设计煤质	校核煤质	设计煤质	校核煤质
3	收到基氧	O_{ar}	%	8.67	4.66	6.14	8.21
4	收到基氮	N_{ar}	%	0.62	0.83	0.77	0.72
5	收到基硫	$S_{t,ar}$	%	0.60	0.78	0.70	0.73
6	收到基全水分	M_t	%	15.40	13.80	16.10	13.90
7	收到基灰分	A_{ar}	%	12.67	25.48	21.75	24.20
8	空气干燥基水分	M_{ad}	%	1.22	1.22	1.22	1.22
9	收到基低位发热量	$Q_{net,ar}$	kJ/kg	21670	19140	19850	18730

3. 脱硫系统

1、2 号机组脱硫装置原采用一炉一塔，不设 GGH 和增压风机，超净排放改造后采用一炉一塔系统，吸收塔设置 6 层喷淋层，吸收塔顶部设置一级管式除雾器＋三级屋脊式除雾器。在设计工况下，燃用收到基全硫分为 1.4％的设计煤种、脱硫效率不小于 98.89％。1、2 号机组脱硫装置技术参数见表 2-4。

表 2-4　　　　　　1、2 号机组脱硫装置技术参数

序号	主要运行指标	单位	控制参数
1	脱硫入口烟气量（标况下）	m^3/h	3421261
2	脱硫入口烟气温度	℃	95±5（正常烟气温度）160（连续运行最高烟温）180（瞬时最高烟温）
3	入口烟气 SO_2 浓度（标况下，最高）	mg/m^3	3157

续表

序号	主要运行指标	单位	控制参数
4	吸收塔浆液 pH 值	—	4.8～5.6
5	石膏排出密度	kg/m³	1080～1120
6	石膏含水率	—	≤10%
7	石膏中 $CaCO_3$ 残留量	—	≤3%
8	石膏中 $CaSO_3 \cdot 1/2H_2O$ 含量	—	<1%
9	石膏中水溶性氯化物	—	≤0.01%
10	吸收塔浆液中 Cl^- 含量	mg/L	<5000
11	FGD 出口烟尘浓度（标况下）	mg/m³	<5
12	脱硫系统的除尘效率		≥80%
13	脱硫效率		≥98.89%
14	FGD 出口 SO_2 最大浓度（标况下）	mg/m³	<35
15	吸收塔液位	m	11±0.5
16	吸收塔除雾器压差	Pa	<350

3、4 号机组采用石灰石-石膏湿法烟气脱硫工艺，一炉两塔，不设 GGH 和增压风机，采用湿磨制浆方案，脱硫效率不低于 99.2%。3、4 号机组脱硫装置技术参数见表 2-5。

表 2-5　　　　　3、4 号机组脱硫装置技术参数

序号	指 标 名 称	单 位	参 数
1	系统脱硫效率（保证值）	%	≥99.2
2	负荷变化范围	%	35～100
3	进料石灰石粒径	mm	≤20
4	吸收塔浆池 Cl^- 浓度	μg/mL	≤10000

续表

序号	指标名称		单位	参数
5	液气比（标况下）		l/m³	11.85（一级塔） 5.12（二级塔）
6	钙硫比 Ca/S		mol/mol	≤1.03
7	吸收塔除雾器出口烟气携带水滴含量（标况下）		mg/m³	≤15
8	FGD石膏品质	$CaSO_4 \cdot 2H_2O$（无游离水石膏基）	%	＞90
		$CaCO_3$（以无游离水石膏为基准）	%	＜3
		$CaSO_3 \cdot 1/2H_2O$（无游离水石膏基）	%	＜0.3
		自由水分	%	＜10
9	工艺水耗		m³/h	95（设计煤种）
10	废水量		m³/h	12

4. 烟气换热设备

1、2 号机组在除尘器入口水平烟道上安装一级低低温烟气余热利用装置，一级低低温烟气余热利用装置设计技术参数见表 2-6。

表 2-6　　　　一级低低温烟气余热利用装置设计技术参数

序号	项目	单位	数值
1	每台机组配套数量	台	6
2	处理烟气量	m³/h	4716000
3	入口烟气温度	℃	126
4	出口烟气温度	℃	90
5	入口热媒水温度	℃	70
6	出口热媒水温度	℃	112.3
7	烟气侧阻力（BMCR 工况）	Pa	≤540

序号	项目	单位	数值
8	水侧阻力	kPa	≤100
9	换热管材质	—	ND钢(09CrCuSb)

3、4号机组在除尘器入口水平烟道上安装一级低低温烟气余热利用装置,一级低低温烟气余热利用装置设计技术参数见表2-7。

表 2-7　　　　　一级低低温烟气余热利用装置设计技术参数

序号	项目	单位	数值
1	入口烟气温度	℃	140
2	出口烟气温度	℃	100
3	入口热媒水温度	℃	70
4	出口热媒水温度	℃	125
5	烟气侧阻力(BMCR工况)	Pa	≤400
6	水侧阻力	kPa	≤200
7	换热管材质	—	20号钢(高温段)+ND钢(低温段)

3、4号机组在除尘器出口水平烟道上安装二级低低温烟气余热利用装置,低低温烟气余热利用装置设计技术参数见表2-8。

表 2-8　　　　　二级低低温烟气余热利用装置设计技术参数

序号	项目	单位	数值
1	入口烟气温度	℃	105
2	出口烟气温度	℃	80

续表

序号	项目	单位	数值
3	入口热媒水温度	℃	60
4	出口热媒水温度	℃	90
5	烟气侧阻力（BMCR 工况）	Pa	360
6	水侧阻力	kPa	53.3
7	受热面积	m²	57640

5. 烟气温度

收集 4 台机组烟气温度数据，各机组烟气温度情况见表 2-9～表 2-12。

表 2-9　　　　　　1 号机组烟气温度统计数据　　　　　　℃

序号	负荷率		1号空气预热器入口烟温 A	1号空气预热器入口烟温 B	1号 A 侧排烟温度平均	1号 B 侧排烟温度平均	1号 A 引风机出口排烟温度	1号 B 引风机出口排烟温度
1	90%～100%	max	379.75	378.05	134.47	135.36	106.24	110.07
2		min	354.75	353.45	105.87	108.34	93.76	97.81
3	65%～75%	max	362.75	360.71	123.66	124.74	103.03	107.09
4		min	337.10	333.19	101.13	104.49	92.31	96.37
5	45%～55%	max	346.92	345.02	119.92	120.45	100.59	102.25
6		min	323.78	321.61	97.88	99.97	91.07	92.31
7	35%～45%	max	335.20	333.62	118.21	117.02	100.89	101.58
8		min	319.65	315.94	103.64	101.65	94.47	94.65

表 2-10　　　　　　　　　　2 号机组烟气温度统计数据　　　　　　　　　　℃

序号	负荷率		2号空气预热器入口烟温 B	2号空气预热器入口烟温 A	2号A侧排烟温度平均	2号B侧排烟温度平均	2号A引风机出口排烟温度	2号B引风机出口排烟温度
1	90%～100%	max	374.18	375.66	138.55	137.69	108.99	105.08
2		min	350.69	353.54	118.69	115.52	101.52	96.70
3	65%～75%	max	353.60	355.46	125.83	123.71	104.92	103.41
4		min	333.03	337.49	107.80	105.21	97.04	94.14
5	45%～55%	max	342.26	339.49	117.61	117.79	101.42	102.71
6		min	323.02	319.47	107.13	105.54	97.32	95.31
7	35%～45%	max	336.93	331.71	118.38	118.84	101.60	101.65
8		min	317.68	314.89	109.08	107.52	96.80	94.38

表 2-11　　　　　　　　　　3 号机组烟气温度统计数据　　　　　　　　　　℃

序号	负荷率		A空气预热器入口烟温	B空气预热器入口烟温	A侧一级低低温省煤器前	B侧一级低低温省煤器前	A二级低低温省煤器前	B二级低低温省煤器前
1	90%～100%	max	366	365	143	144	104	103
2		min	365	364	141	140	101	101
3	65%～75%	max	348	346	127	126	108	108
4		min	346	344	123	122	105	104
5	45%～55%	max	333	334	126	125	103	104
6		min	332	332	123	122	100	101
7	35%～45%	max	319	320	125	126	98	98
8		min	314	315	123	124	97	96

表 2-12　　　　　　　　**4 号机组烟气温度统计数据**　　　　　　　　℃

序号	负荷率		A空气预热器入口烟温	B空气预热器入口烟温	A侧一级低低温省煤器前	B侧一级低低温省煤器前	A二级低低温省煤器前	B二级低低温省煤器前
1	90%～100%	max	359	358	143	144	109	1081
2		min	357	356	138	137	108	107
3	65%～75%	max	334	333	120	123	99	100
4		min	333	331	116	116	98	98
5	45%～55%	max	314	315	98	97	98	99
6		min	312	311	96	95	97	96
7	35%～45%	max	305	306	97	96	94	95
8		min	303	301	95	94	93	94

6. 烟气蒸发能力

1、2 号机组满负荷运行时，机组除尘器入口烟道的烟气量约为 2350000m³/h（单台除尘器，实际状态），含尘量为 24g/m³，烟气温度为 126℃，烟气湿度为 7.1%；3、4 号机组满负荷运行时，机组空气预热器出口烟道的烟气量约为 2050000m³/h（单台除尘器，实际状态），含尘量为 22g/m³，烟气温度为 140℃。因此，1、2 号机组以烟温 126℃、烟气量 2350000m³/h、含尘量 24g/m³ 为边界设计计算条件；3、4 号机组以烟温 140℃、烟气量 2050000m³/h、含尘量 22g/m³ 为边界设计计算条件。

1、2 号机组除尘器入口水平烟道（以 1 号炉为例，2 号炉烟道布置与之基本相同），中心标高 25.039m，水平方向长度为 13.84m，但除尘器入口布置低低温省煤器，占据烟道水平长度 5.75m，不利于安装烟道雾化装置。考虑布置于空气预热器出口竖直烟道，标高

9.6～21m。

3、4 号机组空气预热器出口至低温省煤器入口水平烟道（以 3 号炉为例，4 号炉烟道布置与之对称），中心标高 23.045m，水平方向长度为 13.84m。

考虑到全厂机组末端废水原则上由对应机组消耗，因此单台机组烟道内蒸发处理的末端废水按 3.6m³/h 设计，日常运行时由多台机组同时运行，减少对机组的影响。经过模拟计算，脱硫废水在烟道内完全雾化蒸发所需的时间在 0.8s 以内，可以计算得到 1、2 号机组脱硫废水雾化后在空气预热器出口烟道内完全蒸发所需要的安全距离为 10.5m，3、4 号机组脱硫废水雾化后在空气预热器出口烟道内完全蒸发所需要的安全距离为 10.7m。

每台机组竖直烟道在宽度方向上设置 12 套喷射系统，喷射系统水平间距均为 0.9m。按每台机组均匀布置喷射装置，空气预热器出口竖直烟道的尺寸可以满足雾化蒸发的空间要求。

7. 末端废水量

电厂末端废水包含脱硫废水、凝结水精处理和化水车间酸碱再生废水。其中脱硫废水 62m³/h，TDS 为 40000～50000mg/L；酸碱再生废水 4m³/h，TDS 为 35000mg/L。末端废水总量按 66m³/h 进行设计，TDS 为 42000mg/L。

二、工艺

1. 工艺流程

该电厂的末端废水浓缩减量及零排放项目方案采用"低温多效闪蒸＋主烟道蒸发干燥"工艺技术路线。具体工艺流程：末端废水→废水缓冲池→低温多效闪蒸＋主烟道蒸发干燥。

　　浓缩减量工艺段采用低温多效闪蒸方案。66m³/h末端废水进入3套低温多效闪蒸装置，经过热法浓缩处理后，末端废水 TDS 浓缩至 200000mg/L。产生浓水量为 13.5m³/h，回收水量为 52.5m³/h。

　　固化工艺段采用主烟道蒸发方案，经过低温多效闪蒸工艺浓缩减量后的总废水量为13.5m³/h，均分进入4台机组，每台机组设置1套主烟道蒸发干燥装置，单套设计处理能力 3.6m³/h，总设计处理能力 14.4m³/h。

　　2. 方案设计说明

　　（1）预处理单元。预处理单元新建一座废水缓冲池，缓冲池容积 300m³，停留时间 4h，通过泵输送至低温多效闪蒸系统。缓冲池使用罗茨风机进行曝气，防止废水在池内产生沉淀。罗茨风机流量 13m³/min，压力 70kPa。

　　（2）浓缩减量单元。本单元共设3套低温多效闪蒸装置，考虑该电厂的实际情况，3、4号机组在吸收塔入口已设置有二级低温省煤器，故本次改造不再新增烟气换热器，拟将原3、4号机组二级低温省煤器的一部分换热管独立出来，作为多效闪蒸系统的烟道换热器使用。原二级低温省煤器技术参数见表 2-13。

表 2-13　　　　　　　　二级低温省煤器技术参数

序号	项　目	单位	数值
1	每台机组配套数量	台	1
2	处理烟气量	m³/h	2977471
3	入口烟气温度	℃	105

续表

序号	项　目	单位	数值
4	出口烟气温度	℃	80
5	入口热媒水温度	℃	60
6	出口热媒水温度	℃	90
7	烟气侧阻力（BMCR 工况）	Pa	≤360
8	水侧阻力	kPa	≤53.3

经计算，两台机组约 60％的二级低温省煤器换热管用于多效闪蒸系统可保证三列多效闪蒸系统的满负荷出力。机组满负荷运行时，采用本方案后二级低温省煤器的进水温度 80℃，出水温度约为96.2℃；二级低温省煤器入口的烟气温度 105℃，出口烟气温度为 84.9℃。

为保障本系统可靠运行，在机组低负荷工况时，可采用电厂辅助蒸汽作为备用热源。每列多效闪蒸系统满负荷运行时所需辅助蒸汽用量约为 7.2m³/h。

多效闪蒸浓缩系统主要包括蒸发器、分离器、强制循环泵、真空泵、凝结水泵等。

废水由废水给料泵输送至一效分离器，一效分离器共 3 套，单套进料量按 25m³/h 设计。由一效强制循环泵增压后进入一效蒸发器加热，加热后的高含盐废水进入抽真空的一效分离器内进行低温闪蒸。为了强化换热效果，一效强制循环泵的流量较大，达到 1200m³/h。蒸发消耗了大量的热量，导致废水温度迅速降低，又重新进入蒸发器加热。一效蒸发器冷凝的热水在烟气换热器内被加热为蒸汽，在一效蒸发器内与一效强制循环的废水进行热交换。

废水经过一效浓缩后，由于各效分离器之间的压力差，会依次进入二、三效分离器内进行低温闪蒸，而一效蒸发出来的蒸汽，会作为二效的热源加热二效的废水；依此类推，二效蒸发的蒸汽，会作为热源加热三效的废水，最终三效中达到要求的浓液被排入一体化除浊装置进一步处理。二、三效强制循环泵的流量比一效强制循环泵更大，分别达到 1600、2600m³/h，可起到很好的传热效果，也有效避免废水中盐的结垢。经过三效闪蒸后，废水浓缩率最大可达到 90％，本方案浓缩减量后的废水量为 13.5m³/h，废水中 TDS 近 20 万 mg/L，并可在一定范围内自动调节。多效闪蒸浓缩过程中产生的各效水蒸气，最后经过冷却水降温凝结后回收至本系统的尾端冷凝罐，再通过泵输送去各用水点，回收水量为 52.5m³/h。

本系统对三效蒸发器产生的蒸汽做再冷凝，设置 3 套冷凝换热器和 1 套冷却水供应系统，闪蒸系统的冷却水由电厂循环冷却水供应。系统内设冷却水泵及配套管线，本系统需循环冷却水量为 720m³/h。

（3）干燥固化单元。本单元采用主烟道蒸发工艺，共设 4 套蒸发系统，4 台机组每台设置 1 套主烟道蒸发装置，单套设计处理能力 3.6m³/h，总设计处理能力 14.4m³/h。每套蒸发系统对应一台机组，各系统独立运行、独立监控。

4 套主烟道蒸发系统公用 1 套一体化除浊系统、1 套废水提升系统、1 套空压机系统；每套蒸发系统单独配 1 个储气罐、2 个分配系统。

主烟道蒸发工艺中喷头布置在空预器之后、除尘器之前的主烟道内，利用烟气余热将雾化后的废水蒸发。雾化后的废水蒸发后以水蒸气的形式进入脱硫吸收塔内，冷凝后形成纯净的蒸馏水，进入脱硫系统循环利用；同时废水中的溶解性盐在蒸发过程中析出，并随烟气中的灰一起被除尘器捕集。

主要设备选型设计说明如下：

1）一体化除浊装置。在一体化装置中添加助凝剂，促进沉淀分离和水质澄清，上清液进入高盐废水蒸发水箱，底部产生的污泥送至污泥储存箱。

一体化装置出力按 $15m^3/h$ 设计，材质为碳钢衬胶，内设液位计、浓水搅拌器等。高效助凝剂加药系统，用于澄清器中的药液投加与混凝澄清。使用固体粉末药剂直接投加，配自动给料机，带变频电动机。

2）污泥输送系统。经一体化装置处理后产生的污泥进入污泥储存箱内缓存后，由污泥输送泵送至脱硫系统。

污泥罐容积 $3m^3$，材质为碳钢衬胶；

污泥输送泵规格：$Q=5m^3/h$，$H=60m$，共 2 台，一用一备。

3）废水泵。废水泵主要为分配系统和雾化系统提供稳定的水源，在可变流量条件下，废水系统输出压力稳定。

废水泵共 5 台，参数为 $Q=5m^3/h$，$H=80m$。

4）冲洗水系统。为干燥系统停运时输送管路提供冲洗水，以及调试时喷淋用水。水源从厂区工业水母管引接。

5）压缩空气系统。压缩空气系统主要为分配系统和雾化系统提供稳定的压缩空气源，在废水喷雾量变化时，压缩空气系统输出压力和流量自动调整。

本次改造新增三台螺杆式空压机，两用一备。空压机规格：排气量 $32m^3/min$（标况下），电动机功率 $185kW$，$p_N=0.7MPa$。

每台机组配备 1 个储气罐，共 4 个，$V=8m^3$。

6）分配系统。分配系统主要为雾化系统提供稳定、自适应调整的废水、压缩空气压力和流量。

计量分配装置包括不锈钢机架、废水调节阀/流量分配调节器、每个装置的流量和压力控制器、本地压力显示表、气动阀门等。

每个烟道蒸发系统设两套分配系统，分配系统布置于空气预热器出口水平烟道顶面，采用撬装式，每台空气预热器对应一个集装箱，根据不同的机组工况条件进行单独定制，满足现场安装条件。

7）废水雾化系统。利用有压废水和压缩空气的联合作用，使喷出的废水液滴达到微米级，确保废水高度雾化。

根据机组工况条件，选取空气预热器出口水平烟道内部布置废水雾化设备，单台机组烟道布置 12 台雾化设备。

废水雾化系统布置原则：

a. 确保废水雾滴在进入除尘器前完全气化，尽量选取远离除尘器位置布置雾化喷嘴，以延长废水雾滴蒸发距离；

b. 废水雾滴在沿程烟道内部整个运动轨迹不会撞击烟道内部；

c. 确保蒸发废水沿程烟气极限低温高于酸露点。

3. 方案平面布置

新建一座多效闪蒸浓缩处理间，共分三层，一层布置三列闪蒸系统附属设备、控制室、空压机房等，二层至三层为闪蒸系统高度延长方向，废水池布置在室外。多效闪蒸浓缩处理间平面尺寸为 25m×22.5m。1 号机组雾化喷嘴拟布置于空气预热器出口竖直烟道（2 号机组同 1 号机组，见书后插页图 2-1），3 号机组雾化喷嘴拟布置于空气预热器出口水平烟道（4 号机组同 3 号机组，见书后插页图 2-2）。

4. 工程量

本方案主要设备材料清单见表 2-14。

表 2-14 主要设备材料清单

序号	名称	规　　格	单位	数量	备注
一		废水进料系统			
1	废水搅拌曝气装置		套	1	
2	罗茨风机	流量 13m^3/min，p_N＝70kPa	台	2	
3	废水给料泵	卧式离心泵，流量 72m^3/h，扬程 25m，功率 7.5kW	台	2	
二		多效闪蒸系统			
1	一效蒸发器	管式换热器，管程材质为 2205 合金，壳程材质为 304 不锈钢	台	3	
2	一效分离器	2205 合金	台	3	
3	一效强循泵及电动机	Q＝1200m^3/h，H＝8m，P_N＝45kW；叶轮材质为 2205 合金	台	4	
4	二效蒸发器	管式换热器，管程材质为 2205 合金，壳程材质为 304 不锈钢	台	3	
5	二效分离器	材质：2205 合金	台	3	
6	二效强循泵及电动机	Q＝1600m^3/h，H＝8m，P_N＝45kW；叶轮材质为 2205 合金	台	4	
7	三效蒸发器	管式换热器，管程材质为 2205 合金，壳程材质为 304 不锈钢	台	3	
8	三效分离器	材质为 2205 合金	台	3	
9	三效强循泵及电动机	Q＝2600 m^3/h，H＝8m，P_N＝75kW，叶轮材质为 2205 合金	台	4	
10	首端冷凝水罐	10m^3，材质为 304 不锈钢	套	1	
11	首端冷凝器	管程/壳程材质为 2205 合金	套	1	
12	首端凝结水泵	Q＝25m^3/h，H＝20m，P_N＝7.5kW，叶轮材质为 304	台	2	
13	首端冷凝真空泵	P_N＝7.5kW	台	3	
14	尾端冷凝水罐	45m^3，材质为 304 不锈钢	套	1	

续表

序号	名称	规格	单位	数量	备注
二		多效闪蒸系统			
15	尾端冷凝器	管程/壳程材质为 2205 合金	台	3	
16	尾端凝结水泵	$Q=60\text{m}^3/\text{h}$，$H=40\text{m}$，$P_N=11\text{kW}$，叶轮材质为 304	台	2	
17	尾端冷凝真空泵	$P_N=22\text{kW}$	台	3	
18	蒸汽发生器	容积 50m³	台	2	
19	循环加热给水泵	离心泵，$Q=220\text{m}^3/\text{h}$，$H=40\text{m}$，$P_N=45\text{kW}$	台	4	
20	冷却循环水泵	离心泵，$Q=400\text{m}^3/\text{h}$，$H=30\text{m}$，$P_N=55\text{kW}$	台	2	
21	集水坑	2.5m×2.5m×2.5m，$V=12\text{m}^3$	个	1	
22	集水坑泵	$Q=20\text{m}^3/\text{h}$，$H=30\text{m}$，$P_N=7.5\text{kW}$	台	2	
23	集水坑搅拌器	轴/叶轮材质为碳钢衬胶	台	1	
三		主烟道蒸发系统			
1	一体化除浊装置	$Q=15\text{m}^3/\text{h}$，材质为碳钢衬胶	台	1	
1.1	一体化装置搅拌器	材质为碳钢衬胶，$P_N=3\text{kW}$	台	2	
1.2	螺旋给料器	$P_N=1\text{kW}$	台	1	
2	烟道蒸发水箱	$V=50\text{m}^3$，材质为碳钢衬胶	台	1	
3	废水泵	$Q=5\text{m}^3/\text{h}$，$H=80\text{m}$，$P_N=18.5\text{kW}$	台	4	
4	污泥储存箱（配超声波液位计）	$V=3\text{m}^3$，材质为碳钢衬胶	单	1	
5	污泥储存箱搅拌器	材质为碳钢衬胶，$P_N=3\text{kW}$	台	1	
6	污泥输送泵	$Q=5\text{m}^3/\text{h}$，$H=60\text{m}$，$P_N=3\text{kW}$	台	2	
7	烟道改造		套	8	

序号	名称	规　　格	单位	数量	备注
三		主烟道蒸发系统			
8	雾化系统总成	含雾化喷头、手动阀、电动阀、仪表等全部组件	套	48	
9	分配系统总成	含手动阀、电动阀、调节阀、仪表等全部组件	套	8	
10	空压机	螺杆式，$Q=32\text{Nm}^3/\text{min}$，$p_N=0.7\text{MPa}$，$P_N=185\text{kW}$	台	3	
11	压缩空气罐	材质为碳钢，$V=8\text{m}^3$，设计 $p=0.8\text{MPa}$	个	4	
12	管道/阀门		批	1	
13	支架		t	3	

5. 投资估算（仅供参考）

该项目投资估算见表 2-15。

表 2-15　　　　　　　　投资估算表

序号	工程或费用名称	费用（万元）	各项占静态投资（%）	单位投资（元/kW）
1	浓缩减量单元	5121	89.39	12.80
2	其他	34	0.59	0.09
3	其他费用	301	5.25	0.75
4	基本预备费	273	4.77	0.68
5	特殊项目费用			
6	动态费用	50		
7	项目计划总资金	5779		

第二节 低温烟气蒸发浓缩减量＋主烟道蒸发干燥工艺

一、机组概况

1. 锅炉

某电厂1、2号机组为145MW超高压供热机组，配套HG-465/13.7-L.PM7型超高压、单炉膛、一次中间再热汽包炉，采用Ⅱ型布置，四角切向燃烧，平衡通风，全钢架悬吊结构，露天布置，固态排渣。锅炉参数见表2-16。

表2-16 1、2号机组锅炉参数

序　号	项　　目	单　位	数　　值
1	过热蒸汽流量	m^3/h	465
2	汽包压力	MPa	15.07
3	过热蒸汽压力	MPa	13.7
4	过热蒸汽温度	℃	540
5	再热蒸汽流量	m^3/h	411
6	再热蒸汽进口压力	MPa	4.06
7	再热蒸汽出口压力	MPa	3.93
8	再热蒸汽进口温度	℃	374
9	再热蒸汽出口温度	℃	540
10	给水温度	℃	240
11	排烟温度	℃	138
12	锅炉效率	%	90.5

3、4 号机组为 330MW 亚临界机组，配套 DG1110/17.4-II12 型，亚临界，中间一次再热自然循环汽包炉，单炉膛平衡通风，四角切圆燃烧，尾部双烟道结构，采用挡板调节再热汽温，固态排渣，全钢架悬吊 II 型结构。锅炉参数见表 2-17。

表 2-17　　　　　　　　　3、4 号机组锅炉参数

序号	名　称	单位	B-MCR	BRL
1	主蒸汽流量	m^3/h	1109.50	1054.20
2	再热蒸汽流量	m^3/h	933.5	885.0
3	主蒸汽压力	MPa	17.50	17.42
4	汽包压力	MPa	19.00	18.79
5	再热器入口压力	MPa	3.94	3.73
6	再热器出口压力	MPa	3.74	3.54
7	主蒸汽温度	℃	540	540
8	再热器进口温度	℃	335.5	321.7
9	再热器出口温度	℃	540	540
10	锅炉计算热效率（按低位发热量计算）	%	92.39	92.59

2. 燃料

设计煤质见表 2-18。

表 2-18　　　　　　　　　设计煤质

序号	项目	符号	单位	1、2 号机组	3、4 号机组
1	元素分析				
1.1	收到基碳	C_{ar}	%	48.58	53.09
1.2	收到基氢	H_{ar}	%	2.57	3.79

序号	项目	符号	单位	1、2 号机组	3、4 号机组
1.3	收到基氧	O_{ar}	％	2.54	5.30
1.4	收到基氮	N_{ar}	％	0.96	0.98
1.5	全硫	$S_{t,ar}$	％	2.05	1.91
2	工业分析				
2.1	全水分	M_t	％	6.5	10.04
2.2	收到基灰分	A_{ar}	％	33.73	24.89
2.3	干燥无灰基挥发分	V_{daf}	％	24.68	32.58
3	收到基低位发热量	$Q_{net,ar}$	MJ/kg	18650	20070

3. 脱硫系统

（1）1、2 号机组。1、2 号机组脱硫装置采用炉内喷钙干法脱硫＋一炉一塔石灰石-石膏湿法脱硫，每套脱硫装置的烟气处理能力为每台锅炉 100％BMCR 工况时的烟气量，脱硫系统的设备配置按照 FGD 入口二氧化硫浓度小于 1400mg/m³（标况下，干基，6％O_2）设计，要求出口排放浓度小于 50mg/m³（标况下，干基，6％O_2）。脱硫效率不小于 95％。1、2 号机组吸收塔进行超低排放改造后，吸收塔除雾器的型式改为管束式除尘、除雾器。脱硫系统入口尘含量按小于等于 30mg/m³（标况下，干基，6％O_2）设计，经改造后，烟囱出口的尘含量（含石膏）小于 5mg/m³（标况下，干基，6％O_2），除尘效率不小于 83％。在正常运行工况下，吸收塔出口烟气携带的雾滴含量小于 20mg/m³（标况下，干基，6％O_2），吸收塔排放的烟气中不得携带石膏。其中工艺水系统、压缩空气系统、石灰石制浆系统为两台机组脱硫公用。事故浆液箱、石膏脱水系统、废水处理系统与 3、4 号机组脱硫公用。

1、2号机组烟气从锅炉引风机引出，经增压风机与吸收塔上部三层喷淋层的浆液逆流接触，经吸收塔顶部三级除雾器除去携带的液滴，通过烟囱排放至大气。

石灰石通过制浆装置配制成20％浓度的浆液，通过石灰石供浆泵补入吸收塔内。石膏通过石膏排出泵输送至石膏旋流站（一级脱水系统）脱水，脱水后含水率为50％左右的石膏浆液，送至3、4号机组真空皮带脱水机（二级脱水系统）进行脱水。脱水后石膏含水量不大于10％。在二级脱水系统中对石膏滤饼进行冲洗去除氯化物，以保证石膏品质。溢流滤液经回收水箱返回吸收塔、石灰石浆液箱、废水系统三联箱。

（2）3、4号机组。3、4号机组均采用石灰石-石膏湿法烟气脱硫工艺，其中3号机组进行了脱硫增容改造后，采用原吸收塔（一级塔）＋新增二级串联塔工艺，能够满足脱硫装置出口排放浓度35mg/m³以下；4号机组随机组同步投运时已配套设置有两台吸收塔，采用串联塔工艺，能够满足脱硫装置出口排放浓度35mg/m³以下。根据电厂脱硫装置CEMS监测数据，3、4号机组实际运行中脱硫装置出口排放浓度能够控制在35mg/m³以下。

3、4号机组脱硫装置采用一炉两塔，脱硫装置的烟气处理能力为每台锅炉100％BMCR工况时的烟气量，机组综合脱硫效率不小于98.93％。其中工业水和工艺水系统、石膏脱水系统、废水处理系统、事故浆液箱和压缩空气系统为两台机组公用。3、4号机组共用一套石灰石制浆系统。

3、4号机组烟气从锅炉引风机引出，直接进入一级吸收塔，与上部四层喷淋层的浆液逆流接触，烟气经一级吸收塔顶部一级除雾器除去携带的液滴后进入二级吸收塔，与上部三层喷淋层的浆液逆流接触，烟气经二级吸收塔顶部二级除雾器除去携带的液滴，脱硫后的烟气进入湿式除尘器，再通过烟囱排放至大气。

4. 烟气温度

收集 4 台机组烟气温度数据，各机组烟气温度情况见表 2-19～表 2-22。

表 2-19　　　　　　　　1 号机组烟气温度统计数据　　　　　　　　℃

序号	负荷率		1 空气预热器入口烟温	1A 空气预热器出口烟温	1B 空气预热器出口烟温	1A 引风机出口烟温	1B 引风机出口烟温
1	90%～100%	max	287.41	164.30	149.03	157.68	152.61
2		min	270.64	131.64	124.93	132.64	126.99
3	65%～75%	max	274.38	157.53	141.21	151.13	146.13
4		min	253.68	119.33	113.13	120.55	112.05
5	45%～55%	max	253.17	141.86	126.80	134.30	129.91
6		min	205.05	111.21	105.50	113.25	116.54

表 2-20　　　　　　　　2 号机组烟气温度统计数据　　　　　　　　℃

序号	负荷率		2 空气预热器入口烟温	2A 空气预热器出口烟温	2B 空气预热器出口烟温	2A 引风机出口烟温	2B 引风机出口烟温
1	90%～100%	max	311.91	145.70	158.60	154.64	156.10
2		min	274.27	113.04	124.70	110.08	128.64
3	65%～75%	max	283.66	139.78	152.40	148.59	149.83
4		min	260.03	124.99	130.29	125.95	127.85
5	45%～55%	max	234.22	117.52	125.26	121.85	123.25
6		min	219.27	113.79	120.58	120.76	122.16

表 2-21　　　　　　　　　　3 号机组烟气温度统计数据　　　　　　　　　　℃

序号	负荷率		3A空气预热器入口烟温	3A空气预热器出口烟温			3A引风机出口烟温	3B空气预热器入口烟温	3B空气预热器出口烟温			3B引风机出口烟温
1	90%~	max	394.83	160.07	145.32	143.10	158.15	407.75	151.76	160.59	169.20	165.68
2	100%	min	359.41	135.28	119.70	115.31	127.08	364.86	127.19	129.73	141.99	134.67
3	65%~	max	385.39	156.83	143.34	141.87	150.30	396.81	146.23	156.71	162.92	157.84
4	75%	min	351.12	129.90	115.48	112.83	120.53	352.66	122.22	122.53	134.42	127.09
5	45%~	max	360.48	141.30	130.84	128.35	146.34	364.75	144.48	147.35	155.51	148.77
6	55%	min	338.20	125.79	116.33	115.36	120.79	334.75	122.49	123.01	131.88	125.06

表 2-22　　　　　　　　　　4 号机组烟气温度统计数据　　　　　　　　　　℃

序号	负荷率		4A空气预热器入口烟温	4B空气预热器入口烟温	4A空气预热器出口烟温1	4A空气预热器出口烟温2	4A空气预热器出口烟温3	4A引风机出口烟温	4B空气预热器出口烟温1	4B空气预热器出口烟温2	4B空气预热器出口烟温3	4B引风机出口烟温
1	90%~	max	394.83	160.07	145.32	143.10	147.99	407.75	151.76	160.59	169.20	165.68
2	100%	min	359.41	135.28	119.70	115.31	118.28	364.86	127.19	129.73	141.99	134.67
3	65%~	max	385.39	156.83	143.34	141.87	142.92	396.81	146.23	156.71	162.92	157.84
4	75%	min	351.12	129.90	115.48	112.83	114.86	352.66	122.22	122.53	134.42	127.09
5	45%~	max	360.48	141.30	130.84	128.35	138.80	364.75	144.48	147.35	155.51	148.77
6	55%	min	338.20	125.79	116.33	115.36	116.26	334.75	122.49	123.01	131.88	125.06

5. 烟气蒸发能力

低温烟气蒸发工艺基本设计参数见表 2-23。

表 2-23　　　　　　低温烟气蒸发工艺基本设计参数

基本信息		设计参数						
装机容量（MW）	烟气设计温度（℃）	总处理水量（m³/h）	处理水量（m³/h）	蒸发水量（m³/h）	浓缩倍率（倍）	浓水 TDS 上限（g/L）	浓缩液（m³/h）	
145	125		13	11			2	
145	125	64.8	13	11	6.0	24	2	10.8
330	135		19.6	16			3.4	
330	135		19.6	16			3.4	

　　根据 4 台机组满负荷运行时的工况，低温烟气蒸发浓缩工艺单台机组抽取烟气量热力计算详见表 2-24。

表 2-24　　　　低温烟气蒸发浓缩工艺单台机组热力参数

序号	项目	单位	3、4 号机组	5、6 号机组
1	空气预热器出口烟气温度	℃	125	135
2	空气预热器出口烟气量（标况下、干基，6%O₂）	m³/h	965617.9	1231069
3	单台机废水浓缩处理量	m³/h	13	19.4
4	浓缩废水外排量	m³/h	2.0	3.4
5	浓缩塔出口温度	℃	50	50
6	单台机浓缩塔抽取烟气量	m³/h	347105	460000
7	抽取烟气量占比	%	35.9	37.4

6. 末端废水量

电厂末端高盐废水包含脱硫废水 30m³/h、循环冷却水系统排水预浓缩浓盐水 33m³/h 和酸碱再生废水 2m³/h，共 65m³/h。三种废水经过混合，进入后续浓缩减量、干燥阶段。

二、工艺

1. 工艺流程

该电厂的末端废水浓缩减量及零排放项目方案采用低温烟气蒸发＋主烟道蒸发干燥工艺。

具体工艺路线：循环水排水浓水、脱硫废水、酸碱再生废水→混合水箱→低温烟气蒸发→主烟道蒸发干燥。

2. 方案设计说明

末端废水收集后，废水浓缩减量采用锅炉除尘器后、脱硫塔进口前的低温烟气作为浓缩热源，将全厂末端高盐废水在浓缩器中浓缩约6倍，所需烟气量约占总烟气量的 10%～40%，视锅炉除尘器后引风机出口烟气温度高低而有所变化。

浓缩后的废水送入主烟道蒸发处理系统，利用空气预热器后烟道内全烟气热量作用下快速蒸干，废水中所含盐分干燥成颗粒后随烟气中的粉煤灰一起进入除尘器，在除尘系统中被捕获收集并随灰一起外排，废水蒸发产生的蒸气进入脱硫吸收塔循环利用，从而实现废水零排放。低温烟气蒸发工艺＋主烟道蒸发干燥工艺水量、盐量平衡图如图 2-3 所示。

（1）低温烟气蒸发工艺单元。低温烟气蒸发工艺采用旁路布置，利用脱硫塔入口前的烟气废热对废水进行蒸发浓缩。废水在浓缩器中与烟气直接接触，由于原烟气为干烟气含湿量很低，在与废水接触中烟气热量被废水中的水吸收并蒸发成蒸汽，烟气达到饱和状态，低温余热利用温度为 50℃左右。饱和湿烟气经盐水除雾器后与原烟气混合进入脱硫塔；废水在浓缩单元中经过多次循环后，盐水浓度增加至接

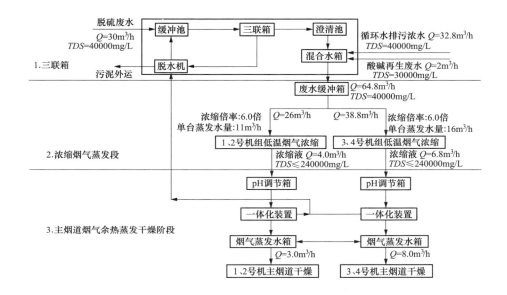

图 2-3　低温烟气蒸发工艺＋主烟道蒸发干燥工艺水量、盐量平衡图

近饱和或过饱和状态，根据原水 TDS 与浓缩液总盐 TDS 限值计算，浓缩倍率可达 6 倍。经过浓缩后的浓盐水从 1 单元中引出并送入到下一单元中进行蒸发干燥。

浓缩工艺段，1、2 号机组共配置 2 套废水零排放浓缩系统，单套处理废水量为 11m³/h，采用 1 炉 1 套布置，最大废水处理水量与蒸发水量留有余量。3、4 号机组共配置 2 套废水零排放浓缩系统，单套处理废水量为 16m³/h，采用 1 炉 1 套布置，最大废水处理水量与蒸发水量留有余量。

（2）主烟道蒸发干燥工艺单元。浓缩减量后的浓水经过 pH 调节、除浊后，进入烟道蒸发水箱，将废水雾化后喷入锅炉尾部烟道内，利用烟气余热将雾化后的废水蒸发，浓缩的污泥排至新建污泥池中输送至厂区统一处理。

在烟道雾化蒸发处理工艺中，雾化后的废水蒸发后以水蒸气的形式进入脱硫吸收塔内，冷凝后形成纯净的蒸馏水，进入脱硫系统循环利用。同时，末端高盐废水中的溶解性盐在废水蒸发过程中干燥析出，并随烟气中的灰一起在除尘器中被捕集。

考虑到经过热法浓缩工艺后，废水量减为 $10.8m^3/h$，烟道蒸发处理系统总体按照四台机组设计计算，四台机组蒸发量为 $11m^3/h$（1、2 号机组单台机组蒸发量 $1.5m^3/h$，3、4 号机组单台蒸发量 $4m^3/h$）。一套废水烟道蒸发处理系统对应一台机组，每套系统完全独立运行、独立监控。

3. 方案平面布置

本方案需新建末端高盐废水综合楼和空压机房。

（1）低温烟气蒸发工艺平面布置。1、2 号机组新建末端废水综合楼 $6m×9m×6m$，扩建 $6.5m×7.5m$ 作为空压机房。3、4 号机组末端高盐废水综合楼平面几何尺寸为 $14.0m×9.0m×6m$，二期项目新增空压机布置在二期原空压机房内。低温浓缩塔布置在脱硫区域的烟道附近，浓缩塔占地 $11m×8m×25m$。

（2）主烟道蒸发雾化位置布置。1、2 号机组除尘器入口烟道垂直方向长度为 $14.28m$，截面尺寸 $2.7m×2.5m$，可满足主烟道蒸发距离要求，但垂直烟道方向有变径，需对主烟道进行局部改造。3、4 号机组除尘器入口烟道水平方向长度为 $12.75m$，截面尺寸 $3.6m×3m$，可满足主烟道蒸发需求。雾化的布置图如图 2-4、图 2-5 所示。

4. 工程量

本方案主要设备材料清单见表 2-25。

5. 投资估算（仅供参考）

该项目投资估算见表 2-26。

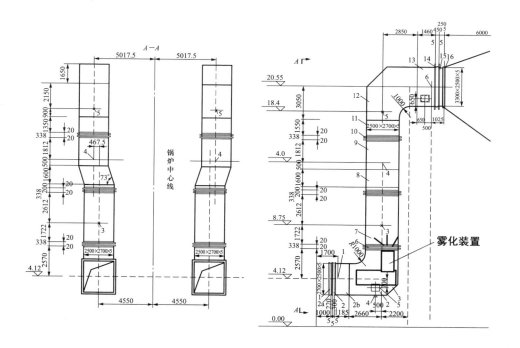

图 2-4 1、2 号机组烟道雾化位置图

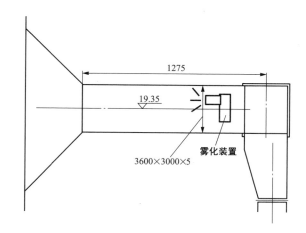

图 2-5 3、4 号机组烟道雾化位置图

表 2-25 主要设备材料清单

序号	名称	规格型号	单位	数量	备注
一	低温烟气蒸发单元				
(一)	高盐废水浓缩器				
1	缓冲箱 （配超声波液位计）	$V=200\mathrm{m}^3/\mathrm{h}$，碳钢/FRP 防腐	套	1	
2	给料泵 （双相不锈钢，变频）	$Q=120\mathrm{m}^3/\mathrm{h}$，$H=60\mathrm{m}$， $P_N=37\mathrm{kW}$	台	6	
3	高盐废水浓缩器本体	整体预制 FRP	套	4	
4	喷淋蒸发室	材质为 C276 合金	套	4	
5	循环泵	$Q=450\mathrm{m}^3/\mathrm{h}$，$H=18\mathrm{m}$， $P_N=45\mathrm{kW}$；碳化硅浇注	套	12	碳化硅浇注，变频
6	烟气均布器	FRP 材质	套	4	
7	扰动泵（浓浆泵）	$Q=150\mathrm{m}^3/\mathrm{h}$，$H=25\mathrm{m}$， $P_N=22\mathrm{kW}$；碳化硅浇注	套	8	碳化硅浇注
8	变频调节引风机	$Q=450000\mathrm{m}^3/\mathrm{h}$，$p_N=2300\mathrm{Pa}$， $P_N=290\mathrm{kW}$	套	4	
9	浓缩塔钢架及平台扶梯	组件，材质为 Q235B 合金	项	1	
10	浓缩塔电动葫芦	提升重量 3t，$P_N=7.5\mathrm{kW}$， 提升高度 30m	台	4	
(二)	浓缩单元烟气系统				按机组配套
1	浓缩单元入口烟道	Q235B	套	4	
2	浓缩单元入口烟道保温	硅酸铝纤维棉＋彩钢板	套	4	
3	浓缩单元入口挡板门	密封片材质为 1.4529 合金	套	4	
4	浓缩单元入口 烟道膨胀节	材质为氟橡胶，设计温度 150℃， 设计压力 0.05MPa	套	4	
5	浓缩单元出口 烟道膨胀节	材质为氟橡胶，设计温度 150℃， 设计压力 0.05MPa	套	4	

续表

序号	名称	规格型号	单位	数量	备注
（二）	浓缩单元烟气系统				按机组配套
6	浓缩单元出口烟道	FRP	套	4	
7	浓缩单元出口烟道挡板门	材质为1.4529合金	套	4	
二	主烟道蒸发干燥系统				
1	烟道改造		项	1	
2	3、4号机组空压机	$30m^3/min$（标况下），$P_N=185kW$，$p_N=0.85MPa$	台	1	
3	5、6号机组空压机	$43m^3/min$（标况下），$P_N=250kW$，$p_N=0.85MPa$	台	2	6kV
4	3、4号机组压缩空气储罐	$V=10m^3$	台	1	
5	5、6号机组压缩空气储罐	$V=15m^3$	台	2	
6	空压机房检修用电动葫芦	提升重量1t，$P_N=2.2kW$，提升高度6m	台	1	3、4号机组空压机房
7	分配系统总成	含手动阀、电动阀、调节阀、仪表等全部组件	套	8	
8	雾化系统总成		套	48	

表 2-26　　　　　　投资估算表

序号	工程或费用名称	费用（万元）	各项占静态投资（%）
1	低温烟气蒸发浓缩单元	4020	56.87
2	主烟道蒸发干燥单元	2210	31.26
3	其他费用	500	7.07
4	基本预备费	339	4.80
5	工程静态投资	7069	100.00
6	动态费用	62	
7	项目计划总投资	7131	

第三节　低温烟气蒸发浓缩减量＋旁路烟道蒸发干燥工艺

一、机组概况

1. 锅炉

某电厂 1、2 号机组锅炉为 DG2102/25.4-Ⅱ1 型超临界压力变压运行直流锅炉，单炉膛、一次中间再热、尾部双烟道采用挡板调节再热汽温、平衡通风、露天布置、选择性催化还原烟气脱硝（SCR）工艺、固态排渣、全钢构架、全悬吊结构、Ⅱ型布置燃煤锅炉。

机组锅炉主要技术参数见表 2-27。

表 2-27　　　　　　1、2 号机组锅炉主要技术参数

名称	规格及型号		
锅炉型号	DG2102/25.4-Ⅱ1		
名称	单位	BMCR	THA	BRL
过热器出口蒸汽压力	MPa（表压）	25.4	25.1	25.29
过热器出口蒸汽温度	℃	571	571	571
再热蒸汽流量	m³/h	1760.85	1548.39	1672.97
再热器进口蒸汽压力	MPa（表压）	4.72	4.12	4.46
再热器出口蒸汽压力	MPa（表压）	4.50	3.92	4.25
再热器进口蒸汽温度	℃	323	309	317
再热器出口蒸汽温度	℃	569	569	569
省煤器进口给水温度	℃	282	273	278

2. 燃料

电厂锅炉设计燃煤成分及特性见表 2-28。

表 2-28　　　　　　　　锅炉设计燃煤成分及特性

序号	项目名称	符号	单　位	设计煤种	校核煤种
1	工业分析				
1.1	收到基全水分	M_t	%	6.60	9.30
1.2	空气干燥基水分	M_{ad}	%	0.42	0.80
1.3	干燥无灰基挥发分	V_{daf}	%	16.20	15.12
1.4	收到基灰分	A_{ar}	%	21.97	20.42
1.5	收到基低位发热值	$Q_{ne}S_{t,ar}$	kJ/kg	24710	23970
2	元素分析				
2.1	收到基碳分	C_{ar}	%	64.44	63.09
2.2	收到基氢分	H_{ar}	%	3.00	2.77
2.3	收到基氧分	O_{ar}	%	2.61	2.98
2.4	收到基氮分	N_{ar}	%	1.07	1.01
2.5	收到基硫分	$S_{t,ar}$	%	0.31	0.43
3	哈氏可磨性系数	HGI		87	88
4	冲刷磨损指数	K_e		2.06	1.88
5	灰熔点（弱还原性气分）				
5.1	灰变形温度	DT	℃	>1500	1390
5.2	灰软化温度	ST	℃	>1500	1460
5.3	灰半球温度	HT	℃	>1500	1490
5.4	灰流动温度	FT	℃	>1500	>1500

3. 烟气数据

烟气通过脱硝装置、空气预热器、电-袋除尘器和引风机后经脱硫排至烟囱。

锅炉尾部烟道布置脱硝系统，采用高灰型选择性催化还原烟气脱硝（SCR）工艺，以液氨为反应原料，SCR 按照入口 NO_x 浓度

$600mg/m^3$（标况下），出口低于 $100mg/m^3$（标况下，干基，$6\%O_2$）进行系统整体设计。SCR 工艺采用高灰型布置，按"2＋1"模式布置催化剂及支撑，备用层在最下层。每台机组设置 2 台 SCR 反应器，脱硝系统入口烟气含尘量不大于 $44.9g/m^3$（标况下）、NH_3/NO_x 摩尔比不超过保证值 0.84 条件下，脱硝效率不小于 85%，氨逃逸率不大于 $2.28mg/m^3$（标况下），SO_2/SO_3 转化率小于 1%，脱硝系统入口到出口之间系统压力损失不大 800Pa（含尘运行），脱硝系统整套装置的可用率不低于 98%。在 B-MCR 满负荷条件下，原烟气中 NO_x 含量为 $600mg/m^3$（标况下）时，液氨耗量为 410kg/h。

锅炉配置了除尘效率达 99.9% 以上的电-袋除尘器以及烟气脱硫装置。

4. 脱硫系统

烟气脱硫工艺采用高效脱除 SO_2 的石灰石-石膏湿法脱硫工艺。原脱硫装置采用一炉一塔，每套脱硫装置的烟气处理能力为每台锅炉 100%BMCR 工况时的烟气量。脱硫系统按入炉煤含硫量 1.0% 作为设计煤种。

1、2 号机组脱硫系统进行超低排放改造时，每台机组增设一套吸收塔系统，脱硫系统采用"一炉双塔"的串联方式运行。改造后满足《火电厂大气污染物排放标准》（GB 13223—2011）中关于重点地区 $50mg/m^3$（标况下）的 SO_2 排放限值，及未来更严格的燃气轮机 $35mg/m^3$（标况下）SO_2 特别排放标准。本次改造设计入口烟气量 $2486600m^3/h$（标态，湿基，$6\%O_2$），原烟气 SO_2 浓度按 $4936mg/m^3$（标况下，干基，$6\%O_2$）设计，脱硫系统出口（烟囱入口）SO_2 排放浓度小于 $35mg/m^3$（标况下，干基，$6\%O_2$），脱硫效率不低于 99.3%，吸收塔协同除尘后烟囱入口粉尘浓度小于 $5mg/m^3$（标况下，干基，6%O_2），年等效利用小时数不低于 5500h。

5. 末端废水量

经核算，全厂优化用水及水污染防治改造实施后，电厂 2 台 660MW 机组，在额定工况下，脱硫废水水量核算表见表 2-29。

表 2-29　　　　　　脱硫废水水量核算表（单台机组）

项目	单位	设计煤质 BMCR 工况
脱硫入口烟气量（标况下，湿基，实际 O_2）	m^3/h	2080171.66（计算值）
脱硫入口烟温	℃	130
脱硫出口烟温	℃	49
脱硫塔蒸发量	m^3/h	98.23
石膏产量	m^3/h	4.15
石膏带走水量	m^3/h	1.20
脱硫耗水量	m^3/h	99.42
石膏 Cl^- 浓度	%	0.10
石膏带走 Cl^- 质量	kg/h	−4.15
原烟气中氯离子浓度（标况下）	mg/m^3	45
净烟气中氯离子浓度（标况下）	mg/m^3	5
烟气带入脱硫塔中 Cl^- 质量	kg/h	83.21
脱硫补水	m^3/h	106.10
脱硫补水 Cl^- 浓度	mg/L	100.0
脱硫补水带入 Cl^- 质量	kg/h	21.19
脱硫废水量	m^3/h	6.68
控制脱硫塔中 Cl^- 浓度	mg/L	15000

根据表 3-29 可知，在控制吸收塔浆液中氯离子浓度为 15000mg/L 时，单台机组产生脱硫废水水量约为 6.68m^3/h。

因此，在额定工况下，2 台 660MW 机组脱硫废水水量共计约

$13.4m^3/h$，考虑一定余量，脱硫废水水量按 $15m^3/h$ 取值，Cl^- 为 $15000mg/L$，此时，脱硫废水的 TDS 约 $50000mg/L$。

二、工艺

1. 工艺流程

该电厂的末端废水浓缩减量及零排放项目方案采用低温烟气浓缩减量＋旁路蒸发干燥工艺。

2. 方案设计说明

低温烟气浓缩减量＋旁路蒸发干燥方案设计图如图 2-6 所示。低温烟气浓缩减量单元采用旁路布置，其中低温烟气浓缩塔采用锅炉除尘器后引风机出口余热烟气作为浓缩热源，将末端高含盐废水在浓缩器中浓缩 4 倍，TDS 约为 $200000mg/L$，剩余浓水约 $3.75m^3/h$；浓缩后的高含盐废水经调 pH 值、混凝、沉淀后送入旁路蒸发干燥塔进行干燥处理，干燥塔引锅炉 SCR 后高温烟气作为热源，干燥后的杂盐等干燥物随烟气进入下游除尘器，颗粒物与粉煤灰被除尘器一起收集。

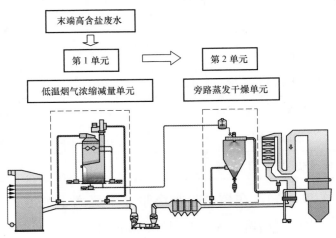

图 2-6　低温烟气浓缩＋旁路蒸发干燥方案设计图

低温烟气浓缩减量＋旁路蒸发干燥工艺设置 2 套低温烟气浓缩减量单元和 2 套旁路蒸发干燥单元。

（1）低温烟气浓缩减量单元。末端高含盐废水浓缩减量单元采用旁路布置，利用引风机后的烟气废热对高含盐废水进行蒸发浓缩。高含盐废水在浓缩器中与烟气直接接触，由于原烟气为干烟气，含湿量很低，在与高含盐废水接触中烟气热量被废水中的水吸收并蒸发成蒸汽，烟气达到饱和状态，浓缩塔进口烟温 130℃，出口烟温 49℃左右。饱和湿烟气经盐水除雾器后与原烟气混合进入脱硫塔；高含盐废水在浓缩单元中经过多次循环后，盐水浓度增加至接近饱和或过饱和状态。经过浓缩后的浓盐水从 1 单元中引出并送入到 2 单元中被蒸发干燥成固态和粉煤灰一起悬浮在烟气中进入静电/布袋除尘器被捕捉，从而实现高含盐废水真正的零排放。

低温烟气浓缩减量单元设置二套低温烟气浓缩塔，浓缩塔尺寸约 9.25m×6.25m×18.38m，单套设计处理水量 7.5m³/h，最大设计处理水量 10m³/h，浓缩倍率 4 倍，浓缩后产生 1.875m³/h 浓水，TDS 约 200000mg/L，单台机组抽取低温烟气量约为 164000m³/h（标况下），占总烟气量的 7.2%。

（2）旁路蒸发干燥单元。末端高含盐废水蒸发干燥单元采用旁路布置，高含盐废水经过低温烟气浓缩减量单元的浓缩减量后，采用旁路雾化干燥技术对浓缩废水进行蒸发干燥处理。经调研，目前国内旁路雾化干燥技术主要分为旁路双流体雾化蒸发干燥技术和旁路旋转雾化蒸发干燥技术两种，两种技术中主设备均为旁路蒸发干燥塔，热源均利用锅炉脱销 SCR 后的热烟气，在旁路蒸发干燥塔中与高盐废水形成的雾滴进行换热，传热效率高，雾滴被迅速蒸发干燥，出口烟气温度控制在 130℃以上；废水中的盐类最后形成粉末状的产物随烟气返回静电/布袋除尘器入口烟道，随后被静电/布袋除尘器捕捉。

本工程旁路蒸发干燥塔分别布置在 1、2 号机组空气预热器后除尘器前的烟道旁，设独立平台和基础支撑。末端蒸发干燥单元设计浓水处理能力为 2m³/h，其中旁路双流体雾化蒸发干燥塔尺寸：$\phi2.9m$，$H=17.5m$（含灰斗）；旁路旋转雾化蒸发干燥塔尺寸：$\phi6.5m$，$H=6.6m$。

本工程共设置 2 套蒸发干燥塔，单套设计处理水量 2m³/h；单台机组抽取高温烟气量为 16692.8m³/h（标况下），占总烟气量的 0.73%。

3. 方案平面布置

末端废水浓缩减量和零排放改造总平面布置图如图 2-7 所示。

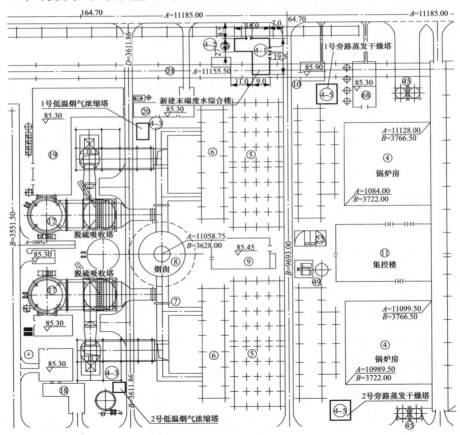

图 2-7 末端废水浓缩减量和零排放改造总平面布置图

4. 工程量

本方案主要设备材料清单见表 2-30。

表 2-30　　　　　　　　　　主要设备材料清单

序号	名称	规格及技术数据	单位	数量	备注
一	低温烟气浓缩减量单元				
1	低温烟气浓缩系统				
1.1	缓冲箱	$Q=60m^3/h$，碳钢/FRP 防腐	台	1	
1.2	给料泵	$Q=100m^3/h$，$H=40m$，$P_N=15kW$	台	2	双相不锈钢，变频
1.3	低温烟气浓缩塔	$Q=10m^3/h$，整体预制 FRP，配套支架、平台、扶梯等	套	2	
1.4	喷淋蒸发室	材质为 C276 合金	套	2	
1.5	循环泵	$Q=480m^3/h$，$H=18m$，$P_N=75kW$	台	4	碳化硅浇注，变频
1.6	扰动泵	$Q=150m^3/h$，$H=25m$，$P_N=15kW$	台	4	碳化硅浇注
1.7	除雾器	组件，材质为 PP	套	2	
1.8	变频增压风机	$Q=240000m^3/h$，$p_N=2000Pa$，配套减震架、旁路调节设备等	套	2	变频
1.9	烟气均布器	材质为 FRP	套	2	
1.10	浓缩塔钢架及平台扶梯	组件，材质为 Q235B 合金	套	2	
2	浓缩单元烟气系统				
2.1	浓缩单元入口烟道	材质为 Q235B 合金，包括钢支架、保温材料等	套	2	
2.2	浓缩单元入口挡板门	密封片材质为 1.4529 合金	套	2	
2.3	浓缩单元入口烟道膨胀节	非金属	套	2	

序号	名称	规格及技术数据	单位	数量	备注
一		低温烟气浓缩减量单元			
2.4	浓缩单元出口烟道	材质为 FRP，包括钢支架、保温材料等	套	2	
2.5	浓缩单元出口挡板门	材质为 1.4529 合金	套	2	
2.6	浓缩单元出口烟道膨胀节	材质为氟橡胶，设计温度 150℃，设计压力 0.05MPa	套	2	
2.7	挡板密封风机	$Q=5000\text{m}^3/\text{h}$，$p_N=5.5\text{kPa}$，$P_N=15\text{kW}$	台	4	
2.8	电加热器	$P_N=24\text{kW}$	台	2	
2.9	浓缩塔进出口烟道支架	组件，材质为 Q235B 合金	套	2	
3	阀门		套	2	
4	管道管件	材质为 2205	T	15	
二		旁路蒸发干燥单元			
1	pH 调节箱	$\phi2100\text{mm}$，$H=2.2\text{m}$，材质为 FRP	台	1	
2	浓水提升泵	$Q=20\text{m}^3/\text{h}$，$H=20\text{m}$，$P_N=3.0\text{kW}$	台	2	
3	污泥螺杆泵	$Q=10\text{m}^3/\text{h}$，$H=30\text{m}$，$P_N=3.0\text{kW}$	台	2	
4	清水提升泵	$Q=3\text{m}^3/\text{h}$，$H=100\text{m}$，$P_N=7.5\text{kW}$	台	3	
5	碱加药装置		套	1	
6	一体化脱硫废水处理系统	含加药装置等全部组件	套	1	
7	高温烟气蒸发结晶系统				
7.1	空压机	$Q=10\text{Nm}^3/\text{min}$，$p_N=0.7\text{MPa}$，$P_N=56\text{kW}$	台	2	
7.2	微热再生式干燥器	$Q=12\text{Nm}^3/\text{min}$，$p_N\leq1.0\text{MPa}$，$T\leq80℃$，$P_N=4.5\text{kW}$	台	2	
7.3	压缩空气罐	$V=5\text{m}^3$，设计 $p_N=0.8\text{MPa}$	台	1	

序号	名称	规格及技术数据	单位	数量	备注
二		旁路蒸发干燥单元			
7.4	精密过滤器	$Q=64\mathrm{m}^3/\mathrm{min}$	个	4	
7.5	旁路蒸发干燥塔	材质为2205+Q235合金，水量2m³/h	套	2	
7.6	气鞘防积灰装置	废水蒸发结晶器配套	台	2	
7.7	双流体雾化喷枪	喷嘴材质为C22合金，流量小于等于1000L/h	套	2	
7.8	全自动传灰系统	配套	套	2	
8	蒸发结晶单元烟风系统				
8.1	蒸发器入口隔离门	电动插板式隔绝门，尺寸为DN1100	台	2	
8.2	蒸发器入口调节门	电动挡板式调节门，尺寸为DN1100	台	2	
8.3	蒸发器出口隔离门	电动挡板式隔绝门，尺寸为DN900	台	2	
8.4	蒸发器二次风管道电动隔离门	电动闸阀，尺寸为DN300	台	2	
8.5	蒸发器入口烟道膨胀节	金属膨胀节	台	2	
8.6	蒸发器入口膨胀节	金属膨胀节	台	2	
8.7	蒸发器出口烟道膨胀节	金属膨胀节	台	2	
8.8	蒸发器出口膨胀节	金属膨胀节	台	2	
8.9	清灰系统膨胀节	金属膨胀节	台	2	
8.10	蒸发器一次风膨胀节	金属膨胀节	台	2	
9	阀门（管道）		套	2	

5. 投资估算（仅供参考）

该项目投资估算见表2-31。

表 2-31 投资估算表

序号	工程或费用名称	费用（万元）	各项占静态投资（%）
1	低温烟气浓缩单元	2233	52.85
2	旁路蒸发干燥单元	1444	34.18
3	其他费用	346	8.19
4	基本预备费	202	4.78
5	工程静态投资	4225	100.00
6	动态费用	79	
7	项目计划总资金	4304	

第四节 膜浓缩减量处理＋MVR 蒸发结晶工艺

一、机组概况

1. 锅炉

某电厂 1、2 号机组锅炉为上海锅炉厂有限公司设计制造的 SG-2023/17.5-M914 型亚临界、中间一次再热、强制循环、平衡通风、单炉膛、悬吊式、四角切圆燃烧、固态排渣、紧身封闭、全钢构架、Π型、燃煤汽包炉。锅炉参数见表 2-32。

表 2-32 1、2 号机组锅炉参数

项目	单位	BMCR	TRL	75％TRL	50％TRL
主蒸汽流量	m^3/h	2023	1760	1275	871
主蒸汽压力	MPa	17.50	17.29	14.64	9.48
主蒸汽温度	℃	541	541	541	534
再热蒸汽流量	m^3/h	1689.2	1482.0	1093.9	760.9
再热蒸汽进/出压力	MPa	3.95/3.75	3.46/3.28	2.54/2.41	1.72/1.63

项目	单位	BMCR	TRL	75％TRL	50％TRL
再热蒸汽进/出温度	℃	328/541	315/541	305/541	309/514
汽包压力	MPa	18.87	18.35	15.41	10.06
锅炉给水温度	℃	281	272	253	233
送风温度	℃	23	23	23	23
一/二次热风温度	℃	363.6/349.4	351/344	325/321	292/291
炉膛出口烟温	℃	1344	1353	1338	1261
排烟温度（修正后）	℃	131	127	116	105
锅炉保证热效率	％		92.71		
锅炉燃煤量	m³/h	298.4	266.4	202.2	141.4

2. 燃料

锅炉设计燃煤成分及特性见表 2-33。

表 2-33　　　　　　　　　锅炉设计燃煤成分及特性

项　目		符　号	单　位	设计煤种	校核煤种
元素分析及工业分析	收到基碳	$C_{net.nr}$	％	52.2	50.9
	收到基氢	$H_{net.nr}$	％	2.47	2.70
	收到基氧	$O_{net.nr}$	％	8.42	10.83
	收到基氮	$N_{net.nr}$	％	0.98	0.5
	收到基硫	$S_{net.nr}$	％	0.73	0.82
	收到基灰分	A	％	10.39	9.12
	收到基水分（全水分）	M_{ar}	％	24.81	25.13
	空气干燥基水分	M_{ad}	％	14.80	19.89
	干燥无灰基挥发分	V_{daf}	％	37.22	39.68
	收到基低位发热量	$Q_{net.nr}$	MJ/kg	18.852	18.16
	可磨系数	HGI		84	78

项 目		符 号	单 位	设计煤种	校核煤种
灰成分分析	二氧化硅	SiO_2	%	23.04.	24.72
	三氧化二铝	Al_2O_3	%	26.12	20.02
	三氧化二铁	Fe_2O_3	%	19.46	19.96
	氧化钙	CaO	%	19.99	18.64
	氧化镁	MgO	%	5.53	4.47
	氧化钾	K_2O	%	0.39	0.39
	氧化钠	Na_2O	%	1.62	0.51
	二氧化钛	TiO_2	%	0.89	0.97
	三氧化硫	SO_3	%	2.24	2.70
	二氧化锰	MnO_2	%	0.084	0.13
灰溶点	灰变形温度	DT	℃	1090	1109
	灰软化温度	ST	℃	1168	1128
	灰熔融温度	FT	℃	1189	1143

3. 脱硫系统

1、2 号机组烟气脱硫系统采用石灰石-石膏湿法工艺，吸收剂为石灰石与水配制的悬浮浆液，石灰石粉粒度要求 96% 通过 250 目格栅，副产品为商品级石膏。

脱硫系统包括烟气系统、二氧化硫吸收系统、氧化空气系统、石膏脱水系统、吸收剂制备系统、事故浆液排放系统、废水处理系统及公用系统。

脱硫装置的烟气系统、吸收系统采用一炉两塔单元制配置。吸收剂制备等系统采用公用配置。

脱硫效率：设计煤种 BMCR 工况脱硫效率不小于 96%，校核煤种 BMCR 工况下脱硫效率不小于 99.17%。

4. 末端废水量

待处理废水主要是循环水排污水深度处理的反渗透浓水、锅炉补给水及凝结水精处理过程中的树脂再生废水和脱硫废水等高含盐废水，各部分废水水量分别如下：

（1）脱硫废水：水量约 30m³/h。脱硫废水水质分析见表 2-34。

表 2-34　　　　　　　　　脱硫废水水质分析

项目	数值	项目	数值
pH	8.6	氯化物（mg/L）	9440
总酸度（mg/L）	<5.0	硫酸盐（mg/L）	5990
二氧化硅（mg/L）	17.7	铝（mg/L）	0.29
溶解性总固体（mg/L）	29800	钡（mg/L）	0.3
碳酸盐（mg/L）	84.9	钙（mg/L）	999
重碳酸盐（mg/L）	93.6	钾（mg/L）	370
氨氮（mg/L）	27.5	镁（mg/L）	2630
悬浮物（mg/L）	16	钠（mg/L）	5640
总有机碳（mg/L）	38.1	锶（mg/L）	18
三价铁（mg/L）	0.2		

（2）反渗透浓水：循环水排污水深度处理系统反渗透浓水排放量约 198m³/h。反渗透浓水主要水质指标如 TDS、电导率等基本为循环水排污水浓缩 3 倍后的数值。

（3）再生废水：间断式排放，平均水量约为 10m³/h。废水排放至高盐废水池。树脂再生废水主要盐分为 NaCl，对后续工艺流程影响有限且水量较小。

反渗透浓水和再生废水排至高盐废水池混合后，部分废水回用作

103

为脱硫系统工艺补充水，回用量约 66m³/h，部分废水回用至煤水系统及煤场喷淋，回用量约 12m³/h，同时，拟将部分高盐废水池废水代替脱硫废水回用作为捞渣机补充水，回用量约 40m³/h，待处理反渗透和树脂再生混合废水约 90m³/h。

本项目共处理脱硫废水、反渗透浓水和再生废水合计约为 120m³/h。

二、工艺

1. 工艺流程

该电厂的末端废水浓缩减量及零排放项目方案采用预处理＋减量处理＋蒸发结晶，具体的工艺流程：化学软化→管式微滤→纳滤→RO→DTRO→蒸发结晶系统（盐硝分产），如图 2-8 所示。

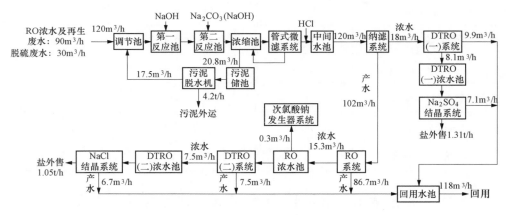

图 2-8　高盐混合废水处理工艺流程图

2. 方案设计说明

（1）高盐废水预处理工艺。预处理采用化学软化-管式微滤处理工艺。高盐混合废水首先进入调节池，在调节池内添加一定量次氯酸钠用于抑制微生物生长，必要时还需投加部分酸进行 pH 调节以保证杀菌效果；调节池出水进入第一反应池，在第一反应池内投加 NaOH

或石灰。在第二反应池内投加 Na_2CO_3 溶液，必要时还需要添加氢氧化钠以维持合理 pH 值。反应池分别进行搅拌和 pH 监控，使水中的钙、镁和硅等易结垢成分形成沉淀。经过反应后的水溢流到管式微滤膜的浓缩池内，用循环泵输送到管式微滤膜进行固液分离。此时大流量的水在废水浓缩池和管式膜之间循环，而部分膜透过水经 pH 调整后进入中间水池，送往后续处理系统。同时，浓缩池内为维持一定量的污泥浓度，部分浓缩液还需要外排进入污泥缓冲池，污泥缓冲池排泥进入污泥脱水系统，污泥经过脱水后，泥饼外委处理或直接填埋，滤液则回流到系统前端再次处理。管式微滤膜是工艺最关键的部分，承担着取代沉淀池做固液分离和向后端反渗透装置输送合格进水的双重功能，工艺流程图如图 2-8 所示。

（2）高盐废水浓缩减量处理工艺。高盐混合废水经过化学软化处理后，钙、镁和硅等易结垢成分明显降低，但是化学软化对废水中 COD 去除效果较差，由于纳滤膜对 COD 具有较高的耐受性，可以在化学软化工艺后采用纳滤-反渗透处理工艺。废水通过纳滤处理可以截留废水中的大部分二价离子和部分一价离子，起到预浓缩的作用，同时产水的含盐量以及钙、镁等易结垢组分含量明显降低，有助于提高后续反渗透处理工艺的回收率以及运行稳定性。纳滤浓水采用 DTRO 膜进一步浓缩减量。工艺流程图如图 2-9 所示。

NF-(RO)-DTRO 减量处理工艺流程：管式微滤系统出水进入纳滤系统，由于废水中钙、镁和硅等易结垢物质浓度较低，纳滤回收率设计为 85%，纳滤浓水约为 18m³/h，TDS 含量约 73600mg/L，再经 DTRO（一）进一步浓缩减量，DTRO（一）系统设计回收率为 55%，剩余 8.1m³/h 的高盐废水需进行后续处理；纳滤产水约 102m³/h 进入 RO 系统进一步浓缩减量，RO 系统设计回收率为 85%，RO 系统浓水产量约 15.3m³/h，TDS 含量约为 72300mg/L，再经过

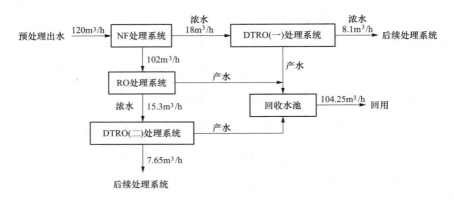

图 2-9　NF-(RO)-DTRO 减量处理系统工艺流程图

DTRO（二）系统浓缩减量，DTRO（二）系统设计回收率为 50％，剩余浓水约 7.65m³/h 需进一步处理。系统产水回用。

由于纳滤产水中 NaCl 含量较高，经过 RO 处理后，其浓水中 NaCl 含量约为 7％，可以作为次氯酸钠发生器的原料用来生产次氯酸钠。产生的次氯酸钠可用作杀菌剂，一方面减少了外购次氯酸钠的量，另一方面充分利用了浓水中的 NaCl，减少了浓水的处理量。

（3）高盐废水蒸发结晶工艺。高盐混合废水经 DTRO 系统处理后，含盐量约为 150000～170000mg/L，废水中的主要离子为 Na^+、Cl^- 和 SO_4^{2-} 等。NaCl 和 Na_2SO_4 的溶解度见表 2-35。

表 2-35　　　NaCl 和 Na_2SO_4 在不同温度下水中的溶解度

温度（℃）		0	10	20	30	40	50	60	70	80	90	100
溶解度（g/L）	NaCl	35.7	35.8	36	36.3	36.6	37	37.3	37.8	38.4	39	39.8
	Na_2SO_4	4.9	9.1	19.5	40.8	48.8	46.2	45.3	44.3	43.7	42.7	42.5

注　溶解度：在一定温度下，溶质在 100g 溶剂中达到饱和状态时所溶解的质量。

根据表 2-35，可以看出废水含盐量距离 NaCl 和 Na_2SO_4 的结晶析出浓度差距较大，还需要进一步浓缩处理。根据 DTRO 浓水水质情况，拟对 DTRO 浓水采取蒸发浓缩—结晶工艺。蒸发结晶工艺根据不同的运行原理及方式，可以分为蒸发塘、烟道蒸发、多效强制循环蒸发结晶、机械蒸汽再压缩蒸发结晶和低压常温蒸发结晶处理技术等。

本工艺采用机械蒸汽再压缩蒸发结晶技术，常用的为降膜式机械蒸汽再压缩蒸发结晶系统，由蒸发器和结晶器两单元组成。经 NF-(RO)-DTRO 减量处理后的废水首先送到机械蒸汽再压缩蒸发器中进行浓缩。经蒸发器浓缩之后，浓盐水再送到强制循环结晶器系统进行进一步浓缩结晶，将水中高含量的盐分结晶成固体，出水回用，固体盐分经离心分离、干燥后外运回用或其他安置处理。

（4）盐硝联产。高盐混合废水经过化学软化后，废水中的主要离子为 Na^+、Cl^- 和 SO_4^{2-}，如果采用单一结晶的方法，则产生大量的混盐，经估算 Na_2SO_4 占 45％～50％，其余主要为 NaCl，经济价值低，难以处理。如果采用化学沉淀除硝法，即投加 $BaCl_2$ 使废水中的 SO_4^{2-} 与 Ba^{2+} 生成 $BaSO_4$ 沉淀而被除去，可以实现硝盐分离的目的，产生较高纯度的盐。但由于氯化钡剧毒的特性和费用高而极少被采用。另外一种可行的途径就是参照国内制盐企业进行盐硝联产。盐硝联产就是将原料中的盐和硝在生产过程中分离出来，分别制成盐、硝产品的生产方法。盐硝联产的原理是根据 $NaCl-Na_2SO_4-H_2O$ 三相体系中，在不同的温度下 NaCl 与 Na_2SO_4 共溶度不同的特点将其分离。因此，为减少废物的排放量，在高盐混合废水蒸发结晶段亦可采用盐硝联产工艺，以回收部分物质，提高废物的利用效率，从而实现废物的综合利用。

3. 方案平面布置

废水处理车间采用地上布置，占地 55m×44m。制氯车间、污泥缓冲池及污泥输送泵房，占地约 25m×18m。

4. 工程量

本方案主要设备材料清单见表 2-36～表 2-39。

表 2-36　　　　　　　　预处理系统主要设备清单

序号	名称	规范	单位	数量	备注
1	调节池废水提升泵	$Q=120\text{m}^3/\text{h}$，$H=20\text{m}$	台	2	$P_N=18.5\text{kW}$，变频
2	事故池废水提升泵	$Q=120\text{m}^3/\text{h}$，$H=20\text{m}$	台	2	$P_N=18.5\text{kW}$，变频
3	第一反应池	有效容积 $V=70\text{m}^3$，两格	座	1	碳钢结构，内衬玻璃钢防腐
4	第一反应池搅拌器	碳钢衬胶轴桨，$r=63\text{r/min}$	台	2	$P_N=7.5\text{kW}$
5	第二反应池	有效容积 $V=70\text{m}^3$，两格	座	1	碳钢结构，内衬玻璃钢防腐
6	第二反应池搅拌器	碳钢衬胶轴桨，$r=63\text{r/min}$	台	2	$P_N=7.5\text{kW}$
7	浓缩水池	有效容积 $V=70\text{m}^3$，两格	座	1	碳钢结构，内衬玻璃钢防腐
8	pH 调节池	3700mm×4400mm×5000mm，有效体积 $V=70\text{m}^3$	座	1	钢筋混凝土结构，内衬玻璃钢防腐
9	pH 调节池搅拌器	碳钢衬胶轴桨，$r=63\text{r/min}$	台	1	$P_N=4.0\text{kW}$
10	管式微滤装置		套	3	
10.1	管式膜循环泵	$Q=330\text{m}^3/\text{h}$，$H=65\text{m}$，卧式离心泵	台	3	$P_N=75\text{kW}$，变频，卧式渣浆泵
10.2	管式微滤膜	净产水量 $Q=40\text{m}^3/\text{h}$，TUF-61（膜壳，过滤面积 4.25m²，61 芯膜管）	支	81	
11	管式膜化学清洗罐	2.5m³	台	3	
12	管式膜化学清洗泵	$Q=20\text{m}^3/\text{h}$，$H=20\text{m}$	台	2	$P_N=2.2\text{kW}$，磁力泵
13	污泥输送泵	$Q=25\text{m}^3/\text{h}$，$H=30\text{m}$	台	2	$P_N=15\text{kW}$，渣浆泵
14	污泥缓冲池搅拌风机	$Q=6\text{m}^3/\text{min}$，$p_N=49\text{kPa}$	台	2	$P_N=11\text{kW}$
15	污泥脱水输送泵	$Q=50\text{m}^3/\text{h}$，$H=50\text{m}$	台	2	$P_N=15\text{kW}$，变频，渣浆泵
16	离心脱水机	$Q=50\text{m}^3/\text{h}$	台	1	$P_N=45\text{kW}$，变频

续表

序号	名称	规范	单位	数量	备注
17	脱水机滤液池输送泵	$Q=25m^3/h$，$H=30m$	台	2	$P_N=15kW$，变频，渣浆泵
18	高盐废水输送泵	$Q=180m^3/h$，$H=80m$	台	3	$P_N=45kW$，双相钢，变频
19	脱硫废水输送泵	$Q=36m^3/h$，$H=40m$	台	2	$P_N=7.5kW$

表 2-37　　纳滤和反渗透减量浓缩系统主要设备清单

编号	名称	规范	单位	数量	备注
一		纳滤系统			
1	NF 低压供水泵	$Q=65m^3/h$，$H=55m$	台	3	$P_N=11kW$，双相钢
2	NF 保安过滤器	$Q=65m^3/h$	台	2	
3	NF 高压泵	$Q=65m^3/h$，$H=160m$	台	2	$P_N=55kW$，双相钢，变频
4	NF 装置（85%回收率）	$Q=65m^3/h$	套	2	单套纳滤进水量 65m^3/h
4.1	NF 膜元件	DK8040F	支	156	
4.2	NF 一、二段间增压泵	$Q=33m^3/h$，$H=50m$	台	2	$P_N=7.5kW$，变频，泵体承压 2.5MPa，双相钢
4.3	NF 二、三段间增压泵	$Q=17m^3/h$，$H=80m$	台	2	$P_N=7.5kW$，变频，泵体承压 4MPa，双相钢
5	冲洗泵	$Q=55m^3/h$，$H=30m$	台	2	$P_N=7.5kW$
二		反渗透系统			
1	反渗透低压供水泵	$Q=55m^3/h$，$H=55m$	台	3	$P_N=7.5kW$，双相钢，变频
2	反渗透保安过滤器	$Q=55m^3/h$	台	2	
3	反渗透高压泵	$Q=55m^3/h$，$H=330m$	台	2	$P_N=100kW$，双相钢，变频

编号	名称	规范	单位	数量	备注
二		反渗透系统			
4	反渗透装置 （85％回收率）		套	2	按三段设计， 6芯膜壳，6∶3∶2
4.1	反渗透膜元件	IndustryRO5	支	132	
4.2	反渗透一、 二段间增压泵	$Q=26m^3/h$，$H=130m$	台	2	$P_N=18.5kW$，变频， 泵体承压6MPa， 双相钢
4.3	反渗透二、 三段间增压泵	$Q=14m^3/h$，$H=180m$	台	2	$P_N=15kW$，变频， 泵体承压6MPa， 双相钢

表 2-38　　DTRO 减量浓缩系统主要设备清单

编号	名称	规范	单位	数量	备注
一		纳滤浓水 DTRO（一）系统			
1	DTRO（一）低压泵	$Q=23m^3/h$，$H=60m$	台	2	$P_N=7.5kW$， SS316L， 磁力泵
2	DTRO（一）CIP泵	$Q=8000L/h$， $H=20\sim30m$，SS316L	台	1	$P_N=2.2kW$
3	DTRO（一）柱塞泵	$Q=7500L/h$，$p_N=16MPa$， SS316	台	3	$P_N=45kW$， 变频
4	袋式过滤器	FSPN250，$Q=40m^3/h$	台	2	
5	保安过滤器	$Q=40m^3/h$，过滤精度$10\mu m$， SS316L	台	2	
6	滤芯	$p_N=0.25MPa$，材质为PP	台	2	
7	DTRO（一）电加热器	SS316Ti	台	1	$P_N=8kW$
二		反渗透浓水 DTRO（二）系统			
1	DTRO（二）低压泵	$Q=27m^3/h$，$H=60m$	台	2	$P_N=11kW$， 磁力泵

编号	名称	规范	单位	数量	备注
二		反渗透浓水 DTRO（二）系统			
2	DTRO（二）CIP 泵	CRT，$Q=8m^3/h$，$H=20\sim30m$，SS316L	台	1	$P_N=2.2kW$
3	DTRO（二）柱塞泵	$Q=7500L/h$，$p_N=16MPa$，SS316	台	4	$P_N=45kW$，变频
4	保安过滤器	$Q=30m^3/h$，过滤精度 $10\mu m$，SS316L	台	2	碳钢衬塑
5	滤芯	HFU660，$p_N=0.25MPa$，材质为 PP	台	2	
6	DTRO（二）电加热器	SS316Ti	台	1	$P_N=8kW$
7	回用水池提升泵	$Q=140m^3/h$，$H=20m$	台	2	$P_N=18.5kW$
8	清水提升泵	$Q=7.5m^3/h$，$H=22m$	台	2	$P_N=2.2kW$

表 2-39　　　　　　　　　　结晶系统主要设备清单

编号	名称	规范	单位	数量	备注
一		混盐结晶设备			
1	Na_2SO_4 浓水提升泵	$Q=10m^3/h$，$H=50m$	台	2	$P_N=4kW$
2	Na_2SO_4 结晶器进料罐	$\phi6000\times7000mm$，$V=200m^3$，CS 衬聚脲	个	1	碳钢防腐
3	Na_2SO_4 结晶器进料罐搅拌器及电动机	6%Moly	台	1	$P_N=1.1kW$
4	Na_2SO_4 结晶器进料泵及电动机	离心泵，$Q=10m^3/h$，$H=25m$，CD4MCuN	台	2	$P_N=7.5kW$
5	Na_2SO_4 热交换器	板式，Ti Gr 1/11	台	1	$A=14m^2$
6	Na_2SO_4 脱气器	常压填料塔，6% Moly	台	1	
7	Na_2SO_4 结晶器加热器	管壳卧式，双程	台	1	
8	Na_2SO_4 结晶器	6% Moly	台	1	
9	Na_2SO_4 蒸汽压缩机及电动机组	离心式两台串联	套	1	$P_N=410kW$

续表

编号	名称	规范	单位	数量	备注
一		混盐结晶设备			
10	Na_2SO_4 结晶器循环泵及电动机	$Q=3200m^3/h$，$H=10m$，离心泵或者轴向泵 CD4MCuN	台	1	$P_N=112kW$
11	结晶器冷凝水罐水泵及电动机	离心式，$Q=16m^3/h$，316L SS	台	1	$P_N=5.5kW$
12	Na_2SO_4 离心机母液泵及电动机	离心泵，$Q=16m^3/h$，$H=30m$，CD4MCuN	台	1	$P_N=5.5kW$
13	Na_2SO_4 旋液器进料泵及电动机	离心泵，$Q=6m^3/h$，$H=32m$，TBD CD4MCuN	台	1	$P_N=1.5kW$
14	Na_2SO_4 旋液器	6%Moly	台	1	
15	Na_2SO_4 双极推料离心机	6% Moly，$r=200r/min$	台	1	$P_N=30kW$
二		NaCl 结晶设备			
1	NaCl 浓水提升泵	$Q=10m^3/h$，$H=35m$	台	2	$P_N=4kW$
2	NaCl 结晶器进料罐	$\phi6000×7000mm$，$V=200m^3$，CS 衬聚脲	个	1	碳钢防腐
3	NaCl 结晶器进料罐搅拌器及电动机	6%Moly	台	1	$P_N=1.1kW$
4	NaCl 结晶器进料泵及电动机	离心泵，$Q=8m^3/h$，$H=25m$，CD4MCuN	台	1	$P_N=5.5kW$
5	NaCl 热交换器	板式，Ti Gr 1 / 11	台	1	
6	NaCl 脱气器	常压填料，6% Moly	台	1	
7	结晶器加热器	管壳卧式，双程	台	1	
8	NaCl 结晶器	6% Moly or Ti2	台	1	
9	蒸汽压缩机及电动机组	离心式，2 台串联	套	1	$P_N=410kW$
10	NaCl 结晶器循环泵及电动机	$Q=3200m^3/h$，$H=10m$，离心泵或者轴向泵 CD4MCuN	台	1	$P_N=112kW$
11	离心机母液泵及电动机	离心泵，$Q=16m^3/h$，$H=30m$，CD4MCuN	台	1	$P_N=5.5kW$
12	旋液器进料泵及电动机	离心泵，$Q=6m^3/h$，$H=32m$，TBD CD4MCuN	台	1	$P_N=1.5kW$

5. 投资估算（仅供参考）

该项目投资估算见表 2-40。

表 2-40　　　　　　　　　投资估算表

序号	工程或费用名称	费用（万元）	各项占静态投资比例（%）
1	膜浓缩减量处理＋蒸发结晶	14686	95.01
2	其他费用	587	3.80
3	基本预备费	183	1.19
4	工程静态投资	15456	100
5	工程动态费用	222	
6	工程建设总费用（动态投资）	15678	
7	项目计划总资金	15678	100

第五节　多种技术组合工艺

一、机组概况

1. 锅炉

某电厂 1、2、3、4 号机组为 335MW 超高压汽轮机高背压供热机组，配套 DG-1000/170-1 型中间再热、自然循环、单炉膛、煤粉汽包锅炉。锅炉参数见表 2-41。

表 2-41　　　　　　　1、2、3、4 号机组锅炉参数

序号	项　目	单　位	BMCR
			1、2、3、4 号
1	锅炉蒸发量	m³/h	1000
2	过热蒸汽压力	MPa	17.10
3	过热蒸汽温度	℃	555

序号	项　目	单　位	BMCR
			1、2、3、4 号
4	再热蒸汽流量	m³/h	854.00
5	再热蒸汽进口压力	MPa	3.680
6	再热蒸汽出口压力	MPa	3.470
7	再热蒸汽进口温度	℃	335
8	再热蒸汽出口温度	℃	555
9	给水温度	℃	260
10	机械未完全燃烧损失	%	2
11	排烟温度	℃	134
12	锅炉效率	%	91.27

5、6 号机组为 600MW 亚临界汽轮发电机组，配套 FWEC-2020/1810-1 型、亚临界、中间一次再热、自然循环、平衡通风、固态排渣、单炉膛、悬吊式、燃煤汽包锅炉。锅炉参数见表 2-42。

表 2-42　　　　　　　　5、6 号机组锅炉参数

序号	项　目	单　位	BMCR
1	锅炉蒸发量	m³/h	2020
2	过热蒸汽压力	MPa	17.49
3	过热蒸汽温度	℃	541
4	再热蒸汽流量	m³/h	1679.00
5	再热蒸汽进口压力	MPa	4.302
6	再热蒸汽出口压力	MPa	4.106
7	再热蒸汽进口温度	℃	336.5
8	再热蒸汽出口温度	℃	541

序号	项　　目	单　位	BMCR
9	给水温度	℃	278.6
10	机械未完全燃烧损失	%	0.7
11	排烟温度	℃	137
12	锅炉效率	%	92.45

7、8 号机组为 1000MW 超超临界燃煤汽轮发电机组，配套 DG3000/26.15－Ⅱ型，高效超超临界参数、变压直流、单炉膛、一次中间再热、平衡通风、运转层以上露天布置、固态排渣、全钢构架、全悬吊结构Ⅱ型锅炉。锅炉参数见表 2-43。

表 2-43　　　　　　　　7、8 号机组锅炉参数

序号	项　　目	单　位	BMCR
1	锅炉蒸发量	m³/h	3033
2	过热蒸汽压力	MPa	26.25
3	过热蒸汽温度	℃	605
4	再热蒸汽流量	m³/h	2469.70
5	再热蒸汽进口压力	MPa	5.090
6	再热蒸汽出口压力	MPa	4.890
7	再热蒸汽进口温度	℃	356.3
8	再热蒸汽出口温度	℃	603
9	给水温度	℃	302.4
10	机械未完全燃烧损失	%	0.79
11	排烟温度	℃	126.4
12	锅炉效率	%	93.8

2. 燃料

设计煤质见表 2-44。

表 2-44 设计煤质

序号	项目	符号	单位	1、2、3、4号	5、6号	7、8号
1	碳	C_{ar}	%	37.78	37.21	38.2
2	氢	H_{ar}	%	3.087	3.9	3.85
3	氧	O_{ar}	%	8.032	7.84	6.25
4	氮	N_{ar}	%	1.00	1.25	1.5
5	硫	$S_{t,ar}$	%	1.50	1.305	1.20
6	全水分	$M_{t,ar}$	%	13.0	13	12.0
7	灰分	A_{ar}	%	35.60	35.6	37.00
8	干燥无灰基挥发分	V_{daf}	%	37.00	39	38.50
9	低位发热量	$Q_{net,ar}$	kJ/kg	17200	17244	17000

3. 脱硫系统

1、2、3、4 号机组设四套石灰石-石膏湿法烟气脱硫装置,系统入口烟气 SO_2 浓度 3000mg/m³(标况下、干基、6%O_2)(对应的燃煤收到基全硫分为 1.3%),脱硫系统出口 SO_2 排放浓度小于等于 35mg/m³(标况下,干基,6%O_2)。工艺水系统、石灰石存储供应系统、石膏真空皮带脱水系统、废水处理系统、事故浆液箱为四台机组公用。

5、6 号机组设两套石灰石-石膏湿法烟气脱硫装置,系统入口烟气 SO_2 浓度按 3505mg/m³(标况下、干基、6%O_2)(对应的燃煤收到基全硫分为 1.5%),脱硫系统出口 SO_2 排放浓度小于等于 35mg/m³(标况下,干基,6%O_2)。设置三级屋脊式除雾器,同时设工艺水冲洗系统,保证各吸收塔除雾器压差均小于等于 150Pa。5、6 号机组与 7、8 号机组事故浆液泵增设联络阀门及管道,使其互为备用。其中石膏真空皮带脱水系统、废水处理系统、事故浆液箱为 5、6 号机组与 7、8 号机组公用。

7、8 号机组设 2 台 1000MW 超超临界一次中间再热燃煤汽轮发电机组，配 2×3033m³/h 燃煤锅炉，设两套石灰石-石膏湿法烟气脱硫装置，系统入口烟气 SO_2 浓度按 2876mg/m³（标况下、干基、6% O_2）（对应的燃煤收到基全硫分为 1.2%），SO_2 排放浓度小于等于 35mg/m³（标况下，干基，6% O_2）。设置有烟气换热（热媒水管式烟气换热）系统，保证净烟气温度不低于 80℃进入烟囱。在烟气再热器前设有的两级烟道除雾器进一步去除烟气中的雾滴（标况下，雾滴含量小于等于 40mg/m³），同时配有工艺水冲洗系统，定期投入冲洗控制除雾器差压不超过 200Pa。

4. 烟气换热设备

1、2、3、4 号机组没有安装烟气换热设备。

5、6、7、8 号机组均安装有烟气换热（热媒水管式烟气换热）系统。锅炉烟气经过烟气冷却器放热，烟温降至 90℃进入静电除尘器除尘，由吸风机送入脱硫吸收塔进行 SO_2 吸收反应。脱硫后烟气温度降至 48℃左右，经烟气再热器吸热升温至 80℃以上排至烟囱。5、6 号机组烟气冷却器技术参数见表 2-45，7、8 号机组烟气冷却器技术参数见表 2-46。

表 2-45　　　　　5、6 号机组烟气冷却器技术参数

项目	数值	备注
入口烟气量（标况下、湿基、实氧）	2260000m³/h	
烟气冷却器入口烟温	160℃	
烟气冷却器出口烟温	90℃	
烟气再热器入口烟温	48℃	
烟气再热器出口烟温	大于 80℃	保证烟囱入口烟温不小于 80℃

表 2-46　　　　　　　　　7、8 号机组烟气冷却器技术参数

项目	数值	备注
入口烟气量（标况下、湿基、实氧）	3484109m³/h	包含有 10％裕量
烟气冷却器入口烟温	125.6℃	运行范围：满足锅炉最低稳燃负荷（43％BMCR）工况和 100％BMCR 工况之间的任何负荷范围内、规定的烟气温度条件下连续、安全地运行
烟气冷却器出口烟温	90℃	
烟气再热器入口烟温	46℃	
烟气再热器出口烟温	80℃	

5. 末端废水量

经过全厂深度优化用水改造后，全厂无法消纳的末端废水共计 245.5m³/h，其中脱硫废水 70m³/h，TDS 约 45000mg/L，氯离子约 12000mg/L；循环排污水处理系统浓水 175.5m³/h，TDS 约 25000mg/L，氯离子约 2650mg/L。

二、工艺

1. 工艺流程

由于全厂末端废水排水量较大，为降低浓缩减量单元和干燥固化单元的处理水量及投资运行成本，245.5m³/h 末端废水先采用管式膜工艺进行软化处理，软化后的 241m³/h 产水再通过 SWRO 三级反渗透系统进行预浓缩减量。反渗透系统产淡水 120.5m³/h 送入循环冷却水系统，反渗透系统产浓水 120.5m³/h 进入后续的深度浓缩和干燥固化单元进一步处理。

其中 39m³/h 的浓盐水在 1、2、3、4 号机组进行深度浓缩处理，深度浓缩处理按照低温烟气蒸发浓缩方案实施，浓缩处理后产生的浓水约为 11m³/h；固化单元采用主烟道蒸发方案。

其中 16.5m³/h 的浓盐水在 5、6 号机组进行深度浓缩处理，深度浓缩处理按照电渗析（ED）方案实施，浓缩后剩余废水量约为 5.25m³/h；固化单元采用旁路烟道蒸发方案。

其中 65m³/h 的浓盐水在 7、8 号机组进行深度浓缩处理，深度浓缩处理按照电渗析（ED）方案实施，浓缩后剩余废水量约为 19.75m³/h；固化单元采用旁路烟道蒸发方案。废水处理水量平衡图如图 2-10 所示。

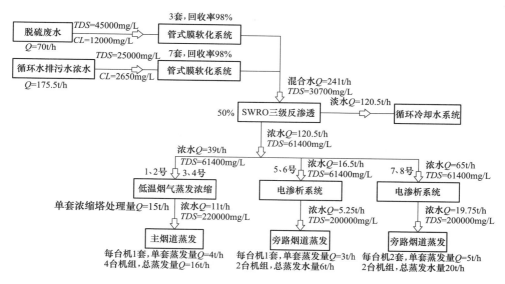

图 2-10　废水处理水量平衡图

2. 方案设计说明

（1）1、2、3、4 号机组深度浓缩及固化处理方案。深度浓缩及固化处理方案为：低温烟气蒸发浓缩＋主烟道蒸发。

进入低温烟气蒸发浓缩系统的浓盐水约有 39m³/h，经低温烟气浓缩塔处理后产生的浓盐水约为 11m³/h；11m³/h 浓盐水进入主烟道蒸发系统。

1）低温烟气浓缩减量单元。1、2、3、4 号机组共设置 4 套低温烟气蒸发浓缩塔，分别布置在对应锅炉除尘器后引风机出口烟道至脱硫塔之间空地上，浓缩塔占地尺寸：11m×8m；每套设计处理能力 15m³/h，总设计处理能力 60m³/h，每套装置抽取低温烟气量约 250000m³/h（标况下），占总烟气量的 25.5%。

低温烟气蒸发浓缩塔采用旁路布置，利用脱硫塔入口前的烟气余热对废水进行蒸发浓缩。废水在浓缩塔中与烟气直接接触，由于原烟气为干烟气含湿量很低，在与废水接触中烟气热量被废水中的水吸收并蒸发成蒸汽，烟气达到饱和状态，温度降低至 50℃左右。饱和湿烟气经盐水除雾器后与原烟气混合进入脱硫塔；废水在浓缩单元中经过多次循环后，盐水浓度增加至接近饱和或过饱和状态，根据原水 TDS 与浓缩液 TDS 限值计算，浓缩倍率可达 4 倍。经过浓缩后的浓盐水从该单元中引出并送入到下一单元中进行蒸发干燥。

a. 单套浓缩塔主要设备选型设计要求。

（a）低温烟气蒸发浓缩塔。低温烟气蒸发浓缩塔为废水浓缩单元的主体设备，浓缩塔壳体采用碳钢防腐材质，内衬 ECR 玻璃纤维织物或陶瓷耐磨填料。

（b）变频增压风机。变频增压风机主要作用为抽取除尘器与脱硫塔之间的干热烟气进入浓缩塔内，烟气量调节采用变频调节加旁路回风调节，可保证浓缩塔在锅炉 30% 的负荷状态下稳定经济运行，风机底部配置浮阀减震系统，顶部配置遮雨棚和检修葫芦。增压风机采用离心式。

（c）喷淋蒸发室。废水的蒸发在喷淋蒸发室中完成，喷淋蒸发室由壳体、喷淋层、喷嘴组成。喷淋区壳体采用碳钢衬 C276，喷淋层为耐高温抗磨 GRP，采用整体成型工艺，长期恶劣工况下保证无泄漏，喷嘴为 SIC。

（d）循环泵。循环泵的作用是将高含盐废水在高盐废水浓缩器中进行雾化，雾化后的废水液滴被高温烟气的热量蒸发。

循环泵规格：$Q=480\mathrm{m^3/h}$，$H=18\mathrm{m}$，共 3 台。

（e）扰动泵/浓缩液排出泵。扰动泵的作用是防止高盐废水浓缩塔的浆液自然沉淀，利用扰动泵的动压头将浆液冲起，防止沉淀；另一个作用是在高含盐废水达到浓缩倍率后，将高含盐废水送至下一个单元进行雾化干燥处理。

扰动泵规格：$Q=150\mathrm{m^3/h}$，$H=25\mathrm{m}$，共 2 台。

（f）给料泵（除雾器冲洗泵）。

给料泵（除雾器冲洗泵）的作用是从高盐废水储存箱抽取高含盐废水对顶部除雾器进行定期冲洗，确保除雾器在运行中不会堵塞结垢。

（g）烟气均流器。烟气均流器的作用是将冷却后的饱和湿烟气均匀布置后进入除雾器，材质为 GRP 或 PP，烟气均流器不需要单独冲洗。

（h）除雾器。浓缩器顶部配备两层除雾器，冲洗水采用高含盐废水。

b. 烟道技术要求。低温烟气浓缩系统为旁路式烟道，主要有 2 部分：引风机出口至低温烟气浓缩塔进口烟道、浓缩塔出口至原脱硫塔进口烟道。

（a）烟气系统烟道应具有防积灰、防爆燃的能力。

（b）浓缩塔进口烟道材质采用 Q235-B，浓缩塔出口烟道材质采用碳钢 Q235-B，内部采用玻璃鳞片防腐。

（c）在烟道外削角急转弯头、变截面收缩急转弯头处及认为需要的地方，设导流和整流装置，以最大限度地提高浓缩塔入口烟气参数分布均匀性，并尽量降低烟道系统阻力。

（d）烟道系统必须保证飞灰的沉积不会对运行产生影响，在烟道适当位置配备足够数量的人孔门和清灰孔，便于烟道（包括膨胀节）的维修和检查以及清除积灰，人孔尺寸不小于650mm×800mm。人孔门与烟道壁分开保温，便于开启。

（e）烟道因热膨胀产生的应力不能传递到浓缩塔本体上，热膨胀应力通过膨胀节消除。

（f）浓缩及干燥范围内的烟道和膨胀节，按相关标准和规范采取保温和防腐措施。

c. 烟气隔离门。在浓缩塔入口烟道和浓缩塔出口烟道各设置一道烟气隔离门，隔离门采用气动插板型，原则上靠近原锅炉主系统设备布置。

2）主烟道蒸发单元。本单元采用主烟道蒸发工艺，需处理的浓水总水量为11m³/h。

1、2、3、4号机组每台机组设置1套主烟道蒸发装置，单套设计处理能力4m³/h，总设计处理能力16m³/h。每套蒸发系统对应一台机组，各系统独立运行、独立监控。4套烟道蒸发系统公用1套废水提升系统、1套空压机系统，每套蒸发系统单独配1个储气罐、2个分配系统。

经过低温烟气浓缩后的高盐废水pH=1～2，经调pH值、混凝、沉淀后，在废水泵的提升作用下，排至各机组主烟道蒸发系统进行处理。主烟道蒸发工艺中喷头布置在空气预热器之后、除尘器之前的主烟道内，利用烟气余热将废水雾化后蒸发。雾化后的废水蒸发后以水蒸气的形式进入脱硫吸收塔内，冷凝后形成纯净的蒸馏水，进入脱硫系统循环利用；同时废水中的溶解性盐在蒸发过程中析出，并随烟气中的灰一起在除尘器中被捕集。

主烟道蒸发单元主要包含 pH 中和系统、碱加药系统、一体化除浊装置、污泥输送系统、烟道蒸发废水提升系统、压缩空气系统、冲洗水系统等设施。

主要设备选型设计说明如下：

a. pH 中和系统。低温烟气浓缩塔处理后的浓缩液，呈酸性，且含大量悬浮物，部分盐结晶析出，在进入干燥塔进行蒸发固化前，进行中和、澄清的工艺处理。

（a）pH 调节箱。用于存储浓缩塔来的高盐浓水，经过加碱调 pH 值后进入一体化处理装置。箱体容积 35m³，规格：3m×5m，采用碳钢衬胶材质，配搅拌器和超声波液位计；设放空口、排净口、溢流口、检修人孔及爬梯等附件。

（b）碱加药系统。碱加药系统需配套设置卸料泵、碱储罐及碱加药泵等设备。加药泵出力及储罐容积满足最差设计水质的加药需求并留有一定余量。

（c）浓水提升泵。用于将 pH 调节箱的水提升至一体化装置。浓水提升泵规格：$Q=15m^3/h$，$H=20m$，共 2 台，一用一备。

b. 一体化除浊装置。在一体化装置中添加助凝剂药剂，促进沉淀分离和水质澄清，上清液进入高盐废水蒸发水箱，底部产生的污泥送至污泥储存箱。

一体化装置出力按 15m³/h 设计，材质为碳钢衬胶，内设液位计、浓水搅拌器等。

高效助凝剂加药系统，用于澄清器中的药液投加与混凝澄清。使用固体粉末药剂直接投加，配自动给料机，带变频电动机，功率 1kW。

c. 污泥输送系统。经一体化装置处理后产生的污泥进入污泥储存箱内缓存后，由污泥输送泵送至脱硫系统。

污泥罐容积 $3m^3$，材质为碳钢衬胶。

污泥输送泵规格：$Q=5m^3/h$，$H=60m$，共 2 台，一用一备。

d. 烟道蒸发水箱。烟道蒸发水箱容积不小于 $50m^3$，采用碳钢衬胶防腐。

水箱出口母管设Y型过滤器，采用不锈钢材质，防止废水中的杂质污堵，影响水泵安全运行。

e. 废水泵。废水泵主要为分配系统和雾化系统提供稳定的水源，在可变流量条件下，废水系统输出压力稳定。

废水提升泵共 5 台，参数为 $Q=5m^3/h$，$H=120m$。定制机械密封，采用撬装式结构。

f. 冲洗水系统。冲洗水系统为浓缩塔除雾器停机时提供冲洗水，同时作为机封冲洗水的水源。为干燥系统停运时输送管路提供冲洗水，以及调试时喷淋用水。此路水源单独从厂区工业水母管引接。

烟道蒸发废水输送管路配套设置冲洗水系统。每台机配 1 台泵，共 3 台。水泵型号：$Q=5m^3/h$，$H=80m$，$P_N=7.5kW$。

g. 压缩空气系统。压缩空气系统主要为分配系统和雾化系统提供稳定的压缩空气源，在废水喷雾量变化时，压缩空气系统输出压力和流量自动调整。

本次改造新增三台 $42m^3/min$（标况下）螺杆式空压机，两用一备。空压机规格：排气量 $42m^3/min$（标况下），电动机 $P_N=250kW$，$p_N=0.8MPa$。

每台机组配备 1 个储气罐，共 4 个，$V=8m^3$。

h. 分配系统。分配系统主要为雾化系统提供稳定、自适应调整的废水、压缩空气压力和流量。

计量分配装置包括不锈钢机架、废水调节阀/流量分配调节器、每个装置的流量和压力控制、本地压力显示、气动阀门等。

每个烟道蒸发系统设2套分配系统，分配系统布置于空气预热器出口水平烟道顶面，采用撬装式，每台空气预热器对应一个集装箱，根据不同的机组工况条件进行单独定制，满足现场安装条件。

i. 废水雾化系统。利用有压废水和压缩空气的联合作用，使喷出的废水液滴达到微米级，确保废水高度雾化。

每个烟道蒸发系统设1套废水雾化系统。根据机组工况条件，选取空气预热器出口水平烟道内部布置废水雾化设备，单台机组烟道布置12台雾化设备，单侧空气预热器对应烟道布置6台雾化设备。

废水雾化系统布置原则：

（a）确保废水雾滴在进入除尘器前完全气化，尽量选取远离除尘器位置布置雾化喷嘴，以延长废水雾滴蒸发距离。

（b）废水雾滴在沿程烟道内部整个运动轨迹不会撞击烟道内部。

（c）确保蒸发废水沿程烟气极限低温高于酸露点。

3）工程量。各系统主要设备材料清单见表2-47。

表2-47 主要设备材料清单

序号	名称	规格	单位	数量	备注
一	深度浓缩单元—低温烟气浓缩系统				
1	高含盐废水缓冲箱	$V=100m^3$，4.4m×7m，材质为碳钢衬胶	座	1	
2	给料泵	$Q=100m^3/h$，$H=60m$，$P_N=37kW$	台	5	
3	低温烟气浓缩塔	设计处理量15m³/h	套	5	
4	喷淋蒸发室	材质为C276合金	套	4	
5	除雾器	2层布置，材质为PP	套	4	
6	烟气均布器	材质为FRP	套	4	

序号	名称	规格	单位	数量	备注
一		深度浓缩单元—低温烟气浓缩系统			
7	循环泵	$Q=480m^3/h$，$H=18m$，$P_N=55kW$	台	12	
8	扰动泵	$Q=150m^3/h$，$H=25m$，$P_N=22kW$	台	8	
9	变频增压风机	$Q=370000m^3/h$，$p_N=1500Pa$，配套减震架、膨胀节等	套	4	
10	浓缩塔钢架及平台扶梯	组件，材质为Q235B合金	t	60	
11	浓缩塔电动葫芦	提升重量1t，提升高度30m	套	4	
12	浓缩单元入口烟道	尺寸为3200mm×2200mm，材质为Q235B合金，厚6mm	t	80	
13	浓缩单元出口烟道	尺寸为2500mm×2200mm，材质为Q235B合金，厚6mm	t	90	
14	浓缩塔进口烟道气动插板门	尺寸为3200mm×2200mm	个	4	
15	浓缩塔出口烟道气动插板门	尺寸为2500mm×2200mm	个	4	
16	浓缩塔入口烟道膨胀节	尺寸为3200mm×2200mm，非金属	个	4	
17	浓缩塔出口烟道膨胀节	尺寸为2500mm×2200mm，非金属	个	4	
18	浓缩塔进出口烟道支架	组件，材质为Q235B合金	t	40	
19	干燥塔及烟道及室外箱罐	保温厚度100mm	m³	450	
20	外护板	0.75mm彩钢板	m²	4500	
21	管道	保温厚度50mm	m³	120	
22	管道外护板	0.5mm彩钢板	m²	2550	

续表

序号	名称	规格	单位	数量	备注
二	干燥固化单元—主烟道蒸发干燥				
1	pH 调节箱	$V=35m^3$，$3m \times 5m$，碳钢衬胶	台	1	配超声波液位计
2	pH 调节箱搅拌器	碳钢衬胶，$P_N=9kW$	台	1	
3	浓水提升泵	$Q=15m^3/h$，$H=20m$，$P_N=3kW$	台	2	
4	卸碱泵	$Q=5m^3/h$，$H=20m$，$P_N=3kW$	台	2	
5	碱储罐	$V=4m^3$，材质为 PE	台	1	
6	碱计量泵	$Q=5L/h$，$H=100m$，$P_N=0.75kW$	台	2	
7	一体化除浊装置	$Q=15m^3/h$，碳钢衬胶	台	1	
8	一体化装置搅拌器	碳钢衬胶，$P_N=3kW$	台	2	
9	螺旋给料器	$P_N=1kW$	台	1	
10	烟道蒸发水箱	$V=20m^3$，$2.7m \times 4m$，碳钢衬胶	台	1	配超声波液位计
11	废水泵	$Q=5m^3/h$，$H=120m$，$P_N=7.5kW$	台	5	
12	冲洗水泵	$Q=5m^3/h$，$H=80m$，$P_N=7.5kW$	台	3	
13	污泥储存箱（配超声波液位计）	$V=3m^3$，碳钢衬胶	台	1	
14	污泥储存箱搅拌器	碳钢衬胶，$P_N=3kW$	台	1	
15	污泥输送泵	$Q=5m^3/h$，$H=60m$，$P_N=3kW$	台	2	
16	空压机	$Q=42m^3/min$，$P_N=250kW$，$p_N=0.8MPa$	台	3	6kV
17	压缩空气储罐	$V=8m^3$	台	4	
18	空压机房检修用电动葫芦	提升重量 1t，提升高度 6m	台	1	
19	雾化系统总成	含雾化喷头、手动阀、电动阀、仪表等全部组件	套	48	

序号	名称	规格	单位	数量	备注
二		干燥固化单元—主烟道蒸发干燥			
20	分配系统总成	含手动阀、电动阀、调节阀、仪表等全部组件含雾化喷头	套	8	
21	烟道改造	烟道内部支撑改为外部支撑	套	8	

4) 投资估算（仅供参考）。该项目投资估算见表 2-48。

表 2-48 **投资估算表**

序号	工程或费用名称	费用（万元）	各项占静态投资（%）
1	浓缩减量单元	3296	56.82
2	干燥固化单元	1876	32.34
3	与厂址有关的单项工程	31	0.53
4	其他费用	429	7.40
5	基本预备费	169	2.91
6	工程静态投资	5801	100.00
7	动态费用	50	
8	项目计划总投资	5851	

（2）5、6、7、8 号机组的深度浓缩及固化处理方案：电渗析＋旁路烟道蒸发。

1）电渗析单元。5、6 号机组共设置 3 套电渗析装置，经过电渗析处理系统的浓盐水约有 16.5m³/h，产生浓盐水 5.25m³/h，7、8 号机组共设置 8 套电渗析装置，经过电渗析处理系统的浓盐水约有 65m³/h，产生浓盐水 19.75m³/h，浓盐水进入旁路烟道蒸发系统干燥处理。其中浓水侧 TDS 控制在 200000mg/L，进入干燥固化单元；淡水侧 TDS 控制在 10000mg/L，淡水返回循环排污水处理系统。

电渗析采用均相离子膜，电渗析浓缩单元至少包括保安过滤器、脱盐液箱、浓缩液箱、阳极液箱、阴极液箱、脱盐液循环泵、浓缩液循环泵、阳极液循环泵、阴极液循环泵、均相离子膜组件及电渗析装置、高频电源、热交换器、自动控制装置及配套就地仪表及远传仪表、阀门、管道等。

均相选择性离子交换膜必须具有高选择性、低电阻、高交换容量、低渗透率，同时机械性能和化学性能较好，膜抗污染，清洗恢复性好等特点。

电渗析装置的主要设备选型设计要求如下：

a. 电渗析膜片。均相选择性离子膜浓缩单元采用的离子交换膜必须具有高选择性、低电阻、高交换容量、低渗透率，同时机械性能和化学性能较好，膜抗污染，清洗恢复性好。电渗析膜片采用原装进口均相膜。

b. 电极。电极基材全部采用板状电极，阳极板采用钛板镀铱材质，阴极板采用 SUS316 材质。

c. 隔板。电渗析槽水道隔板要求为 PP 材质的硬质材质，密封性能好，不变形、不漏液。

2）旁路烟道蒸发单元。采用旁路烟道蒸发工艺，5、6 号机组需处理的浓水总水量为 5.25m³/h，每台机组设置 1 套旁路蒸发器，单套设计处理能力 3m³/h，总设计处理能力 6m³/h。7、8 号机组需处理的浓水总水量为 19.75m³/h，每台机组设置 2 套旁路蒸发器，单套设计处理能力 5m³/h，总设计处理能力 20m³/h。

2 套烟道蒸发系统公用 1 套废水提升系统，每套蒸发系统单独配 1 个储气罐。

旁路蒸发器烟气进出口设烟气电动隔离门可与原系统隔离，设备检修或故障可与锅炉系统隔离，不影响锅炉系统正常运行。进口设烟气调节门、在线烟气流量计、在线温度传感器，可根据机组负荷、进口烟温、雾化水量、出口烟温自动调节高温烟气引入量，充分保障固化系统的高度自动化和稳定高效运行。

旁路蒸发器的主要设备选型设计要求如下：

a. 泵站系统。浓水箱充分考虑设计余量按有效停留时间 10h 设计。泵与液体接触部分需考虑抗腐蚀，采用 2507 双相不锈钢及以上材质。

系统设置独立的浓水输送系统，该系统布置在浓水箱附近。每套装置包括浓水泵，过滤器，用于远程控制和监测循环系统的压力、流量等仪表。所有装置与废水接触部分需考虑抗腐蚀。

该系统具有如下功能和设计要求：

（a）为蒸发系统提供必要的浓水以及必要的压力，并维持浓水的持续循环。

（b）过滤浓水以保证蒸发装置的稳定运行。

（c）设计浓水输送泵的流量时将至少留有 10% 的流量余度，15% 的压头裕量。输送泵的设计应考虑易于安装、拆换、修复和维修的要求，并配置整体底盘或安装框架。

（d）系统设计选用的材料应适于输送的介质，并且至少应按 40000mg/L 的氯离子浓度要求进行选材。

（e）泵吸入口应配备滤网，出口设流量计及压力传感器。

（f）浓水输送管道采用钢骨架聚乙烯复合管，或衬胶（衬塑）管道。

b. 压缩空气系统。为保证废水能在蒸发器中快速相变蒸发，同时保证喷射系统在停用时不被灰尘堵塞，本系统设置了雾化压缩空气系统。雾化压缩空气进喷射系统前压力保证在 0.3MPa 以上，能有效将废水溶液雾化成 50μm 左右小雾滴，加快废水的蒸发速度。

c. 喷射系统。

（a）喷枪采用两相流喷枪，使用压缩空气进行雾化。

（b）喷枪雾化 D32 粒径，能满足雾化蒸发的处理要求。

（c）喷枪充分考虑在高温高尘环境下运行的耐高温、耐磨性能。

（d）喷枪内管与液体接触部分充分考虑防腐，喷嘴采用 C22 材质，枪体与废水接触部分采用 2205 双相不锈钢材质的硬管。枪体与压缩空气接触部分采用 316 材质。

（e）喷枪需充分考虑雾化效果，喷枪流量必须符合雾化蒸发水量要求，喷枪雾化粒径必须符合完全蒸发结晶且不对系统造成影响的要求。

（f）每支喷枪包括连接软管，软管的尾端连接浓水和压缩空气。喷枪包括用于检修抽插喷枪时所用密封风组件、浓水管路及压缩空气管路快速接头和软管等。

d. 蒸发系统。旁路烟道蒸发器本体材质采用 Q235B＋2205 不锈钢。蒸发装置壳体采用双相钢复合材料厚为 8mm。蒸发装置前后设有隔离检查阀，以确保蒸发装置异常或需要检修时能可靠与主系统隔离。

喷枪位置设置平台，平台大小应满足喷枪抽出检修的要求。

经喷射系统雾化的高盐水进入蒸发系统，在此环境中蒸发形成蒸干盐，因高温蒸发附着于煤粉灰上或小部分单独形式存在，进入除尘器中被捕捉外排。

系统通过 CFD 模拟及喷枪雾化最大半径的喷枪选择控制防止雾化液滴的触壁。

烟道技术要求：

（a）烟气系统烟道应具有防积灰、防爆燃的能力。

（b）干燥单元进口烟道材质采用 Q345-B，出口烟道材质采用 235-B。

（c）在烟道外削角急转弯头、变截面收缩急转弯头处及认为需要的地方，设导流和整流装置，以最大限度地提高干燥塔入口烟气参数分布均匀性，并尽量降低烟道系统阻力。

（d）烟道系统必须保证飞灰的沉积不会对运行产生影响，在烟道适当位置配备足够数量的人孔门和清灰孔，便于烟道（包括膨胀节）的维修和检查以及清除积灰，人孔尺寸不小于 650mm×800mm。人孔门与烟道壁分开保温，便于开启。

（e）烟道因热膨胀产生的应力不能传递到浓缩塔及干燥塔本体上，热膨胀应力通过膨胀节消除。

（f）干燥范围内的烟道和膨胀节，按相关标准和规范采取保温和防腐措施。

3）工程量。各系统主要设备材料清单见表 2-49。

表 2-49　　　　　　　　　主要设备材料清单

序号	名称	规格	单位	数量	备注
一		浓缩单元—电渗析（ED）系统			
1	脱盐液箱	$V=10m^3$，材质为 PE	台	4	
2	浓缩液箱	$V=10m^3$，材质为 PE	台	4	
3	阳极液箱	$V=3m^3$，材质为 PE	台	4	
4	阴极液箱	$V=3m^3$，材质为 PE	台	4	
5	脱盐液循环泵	卧式离心泵，$Q=300m^3/h$，$H=15m$，$P_N=30kW$	台	11	变频控制
6	浓缩液循环泵	卧式离心泵，$Q=275m^3/h$，$H=15m$，$P_N=30kW$	台	11	变频控制
7	阳极液泵	$Q=10m^3/h$，$H=20m$，$P_N=2.2kW$	台	11	变频控制
8	阴极液泵	$Q=10m^3/h$，$H=20m$，$P_N=2.2kW$	台	11	变频控制
9	热交换器	热交换容量，864000kJ，板式，过流部分材质为钛材	台	11	

续表

序号	名称	规格	单位	数量	备注
一		浓缩单元—电渗析（ED）系统			
10	风机	$Q=2m^3/min$，$p_N=20kPa$，$P_N=1kW$，离心式，材质为 PVC	台	4	
11	保安过滤器	$Q=25m^3/h$，过滤精度 $5\mu m$	台	4	
12	电渗析装置	每套含 1200 片膜	台	11	
13	5、6 号机组浓水外输泵	$Q=5m^3/h$，$H=60m$，$P_N=3kW$	台	2	
14	7、8 号机组浓水外输泵	$Q=20m^3/h$，$H=60m$，$P_N=7.5kW$	台	2	
二		干燥固化单元—旁路烟道蒸发			
（一）	主要工艺设备				
1	旁路烟道蒸发器	处理量 $3m^3/h$，材质为 2205＋Q235 合金	套	2	每套含 3 个双流体喷枪
2	旁路烟道蒸发器	处理量 $5m^3/h$，材质为 2205＋Q235 合金	套	4	每套含 5 个双流体喷枪
3	浓水箱	$V=50m^3$，碳钢衬胶	个	1	配搅拌器，功率 5.5kW
		$V=100m^3$，碳钢衬胶	个	2	
4	废水输送泵	$Q=5m^3/h$，$H=80m$，$P_N=7.5kW$	台	9	变频
5	压缩空气罐	$V=6m^3$	台	1	
		$V=10m^3$	台	2	
6	仓泵	$V=0.6m^3$，材质为碳钢	台	2	
		$V=1m^3$，材质为碳钢	台	4	
7	蒸发塔进口烟道电动插板门	DN1300，温度 350℃	台	2	
		DN1700，温度 370℃	台	4	
8	蒸发塔进口烟道电动调节门	DN1300，温度 350℃	台	2	
		DN1700，温度 370℃	台	4	

续表

序号	名称	规格	单位	数量	备注
二		干燥固化单元—旁路烟道蒸发			
9	蒸发塔出口烟道电动挡板门	DN1200，温度 150℃	台	2	
10	密封风手动插板门	DN350，温度 350℃	台	2	
		DN400，温度 370℃	台	4	
11	密封风电动阀	DN350，温度 350℃	台	2	
		DN400，温度 370℃	台	4	
12	蒸发塔进口烟道	DN1300，材质为 Q345 合金	t	15	
		DN1700，材质为 Q345 合金	t	40	
13	蒸发塔出口烟道	DN1200，材质为 Q235 合金	t	18	
		DN1600，材质为 Q235 合金	t	44	
14	蒸发塔密封风烟道	DN350，材质为 Q345 合金	t	8	
		DN400，材质为 Q345 合金	t	20	
15	烟道支架	材质为 Q235B 合金	t	6	
16	蒸发塔进出口膨胀节	DN1300，金属膨胀节	个	4	
		DN1700，金属膨胀节	个	8	
17	蒸发塔进出口膨胀节	DN1200，金属膨胀节	个	4	
		DN1600，金属膨胀节	个	8	
18	密封风膨胀节	DN350，金属膨胀节	个	4	
		DN400，金属膨胀节	个	8	
（二）	阀门				
1	不锈钢阀门	满足系统需要	批	1	约42个
2	衬胶手动阀门	满足系统需要	批	1	约60个
3	衬胶电动阀门	满足系统需要	批	1	约6个
（三）	管道				
1	不锈钢管道304	满足系统需要	批	1	约9t
2	钢衬塑管道	满足系统需要	批	1	约3t

序号	名称	规格	单位	数量	备注
二	干燥固化单元—旁路烟道蒸发				
（四）	保温				
1	进口烟道及蒸发塔	保温厚度 300mm	m³	140	保温材料为硅酸铝
2	出口烟道及浓水箱	保温厚度 150mm	m³	22	保温材料为硅酸铝
3	外护板	0.75mm 彩钢板	m²	1200	
4	室外管道	保温厚度 50mm	m³	50	保温材料为硅酸铝管壳
5	管道外护板	0.5mm 彩钢板	m²	900	
（五）	油漆	防锈漆	kg	400	

4）投资估算（仅供参考）。该项目投资估算见表2-50、表2-51。

表2-50　　　　5、6号机组投资估算表

序号	工程或费用名称	费用（万元）	各项占静态投资（%）
1	浓缩减量单元	2269	52.61
2	干燥固化单元	1576	36.54
3	与厂址有关的单项工程	8	0.19
4	其他费用	335	7.77
5	基本预备费	125	2.90
6	工程静态投资	4313	100
7	动态费用	37	
8	项目计划总投资	4350	

表 2-51   7、8 号机组投资估算表

序号	工程或费用名称	费用（万元）	各项占静态投资（%）
1	浓缩减量单元	11469	71.96
2	干燥固化单元	3064	19.22
3	与厂址有关的单项工程	77	0.48
4	其他费用	865	5.43
5	基本预备费	464	2.91
6	工程静态投资	15939	100
7	动态费用	140	
8	项目计划总投资	16079	

3. 方案平面布置

管式膜软化装置及 SWRO 三级反渗透装置布置在末端废水膜浓缩处理综合楼 0m 层，5、6、7、8 号机组的电渗析装置布置在末端废水膜浓缩处理综合楼 7m 层，末端废水膜浓缩处理综合楼占地 57m×28m，位于 7、8 号机组 7 号冷却塔北侧空地。

1、2、3、4 号机组的末端固化处理车间拟布置于 1、2、3、4 号机组石膏脱水楼南侧的空地处。

空压机房拟布置在 4 号机组锅炉房西侧空地。

5、6 号机组的旁路蒸发塔布置在 5 号机锅炉钢架东侧及 6 号机锅炉钢架西侧空地处；7、8 号机组的旁路蒸发塔分别布置在各台机组锅炉钢架两侧的空地处。

第六节　管式膜＋电渗析＋旁路烟道/主烟道蒸发干燥

一、机组概况

1. 锅炉

某电厂 1、2 号机组为 150MW 超高压机组，配套 SG-480/13.7-M767 型超高压、中间一次再热、平衡通风、Ⅱ型布置、固态排渣、单炉膛、燃煤汽包锅炉。锅炉参数见表 2-52。

表 2-52　　　　　　1、2 号机组锅炉参数

序号	项　目	单位	BMCR
1	锅炉蒸发量	m³/h	3033
2	过热蒸汽压力	MPa	26.25
3	过热蒸汽温度	℃	605
4	再热蒸汽流量	m³/h	2469.61
5	再热蒸汽进口压力	MPa	4.983
6	再热蒸汽出口压力	MPa	4.783
7	再热蒸汽进口温度	℃	350
8	再热蒸汽出口温度	℃	603
9	给水温度	℃	301
10	机械未完全燃烧损失	%	0.51
11	排烟温度	℃	117
12	锅炉效率	%	94.02

3、4 号机组为 350MW 亚临界机组，配套 HG-1065/17.5-YM1 型、亚临界、中间一次再热、控制循环、平衡通风、固态排渣、单炉膛、燃煤汽包锅炉，锅炉参数见表 2-53。

表 2-53   3、4 号机组锅炉参数

序号	名　　称	单位	BMCR
1	主蒸汽流量	m³/h	1065
2	主蒸汽压力	MPa	17.50
3	主蒸汽温度	℃	541
4	汽包压力	MPa	18.873
5	给水压力	MPa	19.303
6	给水温度	℃	281.2
7	再热蒸汽流量	m³/h	875.2
8	再热器出口汽压	MPa	3.734
9	再热器出口汽温	℃	541
10	再热器进口汽压	MPa	3.910
11	再热器进口汽温	℃	333.8
12	总热损失	%	10.34
13	效率（低位热值）	%	93.67
14	过量空气系数	—	1.25

2. 燃料

锅炉设计燃煤成分见表 2-54。

表 2-54   设计燃煤成分

序号	项　目	符号	单位	设计煤种	校核煤种
1	收到基碳	C_{ar}	%	60.08	54.03
2	收到基氢	H_{ar}	%	3.83	3.42
3	收到基氧	O_{ar}	%	7.98	8.53
4	收到基氮	N_{ar}	%	0.99	0.94

续表

序号	项目	符号	单位	设计煤种	校核煤种
5	收到基全硫	$S_{t,ar}$	%	0.66	0.88
6	收到基灰	A_{ar}	%	18.86	22.40
7	收到基全水分	M_t	%	7.6	9.8
8	收到基低位发热量	$Q_{net,ar}$	MJ/kg	23.71	21.12
9	干燥无灰基挥发分	V_{daf}	%	40.32	39.99

3. 脱硫系统

1、2号机组脱硫装置采用石灰石-石膏湿法烟气脱硫工艺，一炉一塔，不设GGH，在设计工况下，燃用收到基全硫分为1.21%的设计煤种、脱硫效率不小于98.83%；3、4号机组脱硫装置采用石灰石-石膏湿法烟气脱硫工艺，一炉两塔，不设GGH，在设计工况下，燃用收到基全硫分为2.5%的设计煤种、脱硫效率不小于96.9%。

4. 烟气温度

1~4号机组烟气统计数据见表2-55~表2-58。

表 2-55　　　　　1号机组烟气温度统计数据　　　　　℃

序号	负荷率		空气预热器入口烟温		空气预热器出口烟温		电除尘出口烟气温度		吸收塔入口烟气温度
1	90%~	max	339.00	341.60	139.60	136.70	149.70	147.80	159.59
2	100%	min	331.80	333.90	128.80	124.60	141.90	137.10	151.18
3	65%~	max	340.20	344.80	150.10	143.60	155.20	154.40	166.16
4	75%	min	310.60	311.10	101.90	98.40	114.60	112.40	122.26
5	45%~	max	325.20	326.80	150.90	144.50	157.00	154.10	162.72
6	55%	min	280.00	276.00	93.30	84.00	93.43	98.30	102.71
7	35%~	max	315.60	318.90	149.20	143.30	156.20	152.60	161.07
8	45%	min	262.50	262.00	86.73	77.90	86.40	92.17	96.04

表 2-56 **2 号机组烟气温度统计数据** ℃

序号	负荷率		空气预热器入口烟温		空气预热器出口烟温		电除尘出口烟气温度		吸收塔入口烟气温度		
1	90%~	max	345.17	348.70	157.90	145.80	154.97	153.90	156.50	156.80	156.40
2	100%	min	330.30	332.98	113.67	122.80	124.91	130.40	119.50	119.70	114.70
3	65%~	max	339.40	341.40	166.30	157.70	162.30	162.20	160.30	160.80	160.60
4	75%	min	313.00	313.47	106.00	108.37	114.70	125.70	121.90	121.70	121.60
5	45%~	max	314.70	316.50	165.20	158.00	159.90	161.30	155.80	156.20	155.90
6	55%	min	300.90	301.60	139.50	130.80	133.30	132.30	126.50	127.10	126.90
7	35%~	max	296.30	293.70	133.63	125.80	125.60	125.50	119.10	119.70	119.50
8	45%	min	289.20	290.60	125.70	120.00	115.60	115.00	119.10	119.70	119.50

表 2-57 **3 号机组烟气温度统计数据** ℃

序号	负荷率		空气预热器入口烟温		空气预热器出口排烟温度						吸风机出口烟温
1	90%~	max	342.79	351.33	137.63	155.81	149.85	163.97	155.13	138.62	136.59
2	100%	min	323.98	330.70	101.23	119.51	112.04	89.03	117.47	101.98	96.93
3	65%~	max	339.08	348.34	132.68	151.83	142.96	163.23	148.78	135.96	131.04
4	75%	min	305.12	310.42	96.68	110.03	104.19	126.29	108.89	96.67	91.50
5	45%~	max	304.88	311.09	119.41	133.01	127.49	128.30	131.08	121.25	113.66
6	55%	min	294.94	300.35	111.80	126.82	118.90	122.39	122.51	114.55	105.36

表 2-58 **4 号机组烟气温度统计数据** ℃

序号	负荷率		空气预热器入口烟温		空气预热器出口排烟温度						吸风机出口烟温
1	90%~	max	345.22	344.12	143.32	154.16	150.23	145.98	160.98	139.37	149.80
2	100%	min	321.71	321.51	108.09	113.15	114.60	104.33	124.01	97.70	112.63
3	65%~	max	343.18	336.91	143.28	153.00	280.59	146.56	157.82	140.46	144.84
4	75%	min	298.14	290.04	99.27	105.64	104.99	98.17	112.35	92.42	104.45
5	45%~	max	309.73	312.38	128.28	132.42	133.50	127.29	140.50	122.05	132.10
6	55%	min	297.48	298.03	115.84	120.71	121.11	115.86	128.04	111.01	118.94

5. 末端废水量

该电厂末端废水处包括循环冷却系统排水的预浓缩浓水和脱硫废水，其中脱硫废水 22m³/h、TDS 约 40000mg/L，氯离子约 15000mg/L；循环冷却系统排水的预浓缩浓水 24.5m³/h，TDS 约 37000mg/L，氯离子约 3500mg/L。

二、工艺

1. 工艺流程

该电厂末端废水浓缩减量及零排放项目方案采用管式膜＋纳滤＋电渗析＋主烟道蒸发/旁路烟道蒸发干燥工艺技术路线。具体工艺流程：

循环冷却系统排水的预浓缩浓水/脱硫废水→管式微滤膜软化→纳滤装置→电渗析→1、2 号机组主烟道蒸发干燥/3、4 号机组旁路烟道蒸发干燥。

2. 方案设计说明

（1）预处理单元。脱硫废水设置 1 套管式膜装置，每套装置 4 列 8 只膜。管式微滤膜回收率 96％，为进一步减少脱硫废水量，管式微滤膜的 21.1m³/h 产水直接进入纳滤装置，排泥 0.9m³/h 至污泥处理系统。

纳滤装置膜通量按 13L/（m²·h）设计，纳滤装置按照 2×100％ 设置，纳滤装置产水 15.6m³/h（TDS＝30000mg/L）进入混合水箱，5.5m³/h 含高 SO_4^{2-} 的纳滤排水，可以回至脱硫工艺水箱，进而回用至脱硫系统。

循环水排水浓水设置 2 套管式膜装置，每套装置 4 列 8 只膜。管式膜回收率 98％，膜通量按 100L/（m²·h）考虑，经过本单元处理后的循环冷却系统排水的预浓缩浓水为 31.4m³/h，排泥 0.6m³/h 至污泥处理系统。

（2）浓缩减量单元。经过预处理的循环冷却系统排水和脱硫废水共 $46.2m^3$（$TDS=35200mg/L$），混合后进入电渗析（ED）装置。电渗析装置浓水侧 TDS 控制在 $200000mg/L$。

本单元共设置 4 台电渗析装置，每台电渗析装置有 1200 个膜片。经电渗析浓缩处理后，约 $6.2m^3/h$ 浓盐水送至干燥固化单元处理。电渗析淡水量约 $40.8m^3/h$，TDS 约 $10000mg/L$，淡水回至该电厂循环排污水处理系统。

（3）干燥固化单元。本单元需处理浓盐水 $6.2m^3/h$。其中：1、2 号机组各设置 1 套主烟道蒸发干燥装置，单套处理水量为 $1.5m^3/h$，共处理浓盐水 $3m^3/h$；3、4 号机组各设置 1 套旁路烟道蒸发干燥装置，单套处理水量为 $3m^3/h$，共处理浓盐水 $6m^3/h$。

3. 方案平面布置

管式膜、纳滤和电渗析装置布置在循环冷却系统排水处理车间内。1、2 号机组主烟道雾化喷嘴布置于空气预热器出口竖直烟道；3、4 号旁路蒸发干燥塔的占地面积较小，单台尺寸约为 $6m×6m$，可布置在 3、4 号机组的空地上。新建空压机房 1 座，轻钢结构。

4. 工程量

本方案主要设备材料清单见表 2-59。

表 2-59　　　　　　　　　主要设备材料清单

序号	名称	规格	单位	数量	备注
一	预处理单元				
（一）	脱硫废水软化装置（管式微滤膜）				
1	反应槽 1（带搅拌机）	$V=30m^3$	台	1	
2	反应槽 2（带搅拌机）	$V=30m^3$	台	1	

序号	名称	规格	单位	数量	备注
一		预处理单元			
（一）		脱硫废水软化装置（管式微滤膜）			
3	浓缩槽（带搅拌机）	$V=30m^3$	台	1	
4	管式微滤膜循环泵	$Q=50m^3/h$，$H=40m$	台	1	
5	管式微滤膜装置	$Q=32m^3/h$	套	1	
6	管式微滤膜产水箱	$V=30m^3$	台	1	
7	管式微滤膜产水泵	$Q=30m^3/h$，$H=30m$	台	2	
8	污泥泵	$Q=5m^3/h$，$H=30m$	台	2	
（二）		循环水排水浓水软化装置（管式微滤膜）			
1	第一反应槽（带搅拌机）	$V=30m^3$	台	1	
2	第二反应槽（带搅拌机）	$V=30m^3$	台	1	
3	浓缩槽（带搅拌机）	$V=30m^3$	台	1	
4	管式微滤膜循环泵	$Q=50m^3/h$，$H=40m$	台	2	
5	管式微滤膜装置	$Q=32m^3/h$ 膜支数	个	16	
6	管式微滤膜产水箱	$V=50m^3$	台	1	
7	管式微滤膜产水泵	$Q=32m^3/h$，$H=30m$	台	2	
8	污泥泵	$Q=5m^3/h$，$H=30m$	台	2	
9	化学清洗水槽	$V=3m^3$	个	2	
10	化学清洗水泵	$Q=5m^3/h$，$H=30m$	台	2	
11	碳酸钠加药装置		套	1	
12	氢氧化钠加药装置		套	1	
（三）		脱硫废水纳滤系统			
1	NF 保安过滤器	$Q=30m^3/h$ 过滤精度 5μm	台	2	
2	NF 高压泵	$Q=30m^3/h$，$H=400m$	台	2	

序号	名称	规格	单位	数量	备注
（三）		脱硫废水纳滤系统			
3	NF 装置	$Q=22m^3/h$ 2 套膜支数	支	60	
4	NF 淡水箱	$V=30m^3$	台	1	
5	NF 浓水箱	$V=20m^3$	台	1	
6	NF 冲洗泵	$Q=30m^3/h$，$H=30m$	台	2	
7	NF 淡水泵	$Q=30m^3/h$，$H=50m$	台	2	
8	NF 浓水泵	$Q=30m^3/h$，$H=50m$	台	2	
二		浓缩减量单元			
1	电渗析槽	膜片数：1200 片/台	台	4	
2	风机	$Q=1m^3/min$，$p=0.5kPa$	台	3	
3	脱盐水箱	$V=30m^3$	台	1	
4	浓缩水箱	$V=30m^3$	台	1	
5	阳极液箱	$V=4m^3$	台	1	
6	阴极液箱	$V=4m^3$	台	1	
7	盐酸箱	$V=1m^3$	台	1	
8	脱盐水泵	$Q=330m^3/h$，$H=20m$	台	4	
9	浓缩水泵	$Q=330m^3/h$，$H=20m$	台	4	
10	阳极液泵	$Q=10m^3/h$，$H=20m$	台	4	
11	阴极液泵	$Q=10m^3/h$，$H=20m$	台	4	
12	浓水盐酸泵	$Q=50mL/min$，$H=40m$	台	1	
13	阴极液盐酸泵	$Q=50mL/min$，$H=40m$	台	1	
14	阳极液盐酸泵	$Q=50mL/min$，$H=40m$	台	1	
15	浓水收集箱	$V=20m^3$	台	1	
16	产水收集箱	$V=50m^3$	台	1	

序号	名称	规格	单位	数量	备注
二		浓缩减量单元			
17	浓水泵	$Q=10m^3/h$，$H=20m$	台	2	
18	产水泵	$Q=30m^3/h$，$H=20m$	台	2	
19	热交换器	热交换容量，864000kJ，板式，过流部分材质为钛材	台	4	
20	ED清洗水泵	$Q=10m^3/h$，$H=20m$	台	1	
21	ED清洗水箱	$V=5m^3$，材质为PE	台	1	配电加热器
三		干燥固化单元			
（一）		主烟道蒸发干燥（1、2号）			
1	分配系统总成	手动阀、电动阀、调节阀、仪表等全部组件	套	4	
2	雾化系统	雾化喷头、手动阀、电动阀、仪表等全部组件	套	8	
3	烟道改造	外部支撑	套	4	
4	压缩空气罐	材质为碳钢，$\phi1\times3m$，$V=2m^3$，设计$p=0.8MPa$	个	2	
5	冲洗水泵	$Q=12m^3/h$，$H=50m$	台	2	
6	废水输送泵	$Q=5m^3/h$，$H=80m$	台	2	
7	管道及管件		套	1	
（二）		旁路烟道蒸发干燥（3、4号）			
1	浓水箱	$V=100m^3$	台	1	
2	废水输送泵（变频）	$Q=10m^3/h$，$H=80m$	台	2	
3	压缩空气罐	$V=6m^3$，设计$p=0.8MPa$	个	2	
4	冷干机	$Q=28m^3/min$，$P_N=9kW$	台	2	
5	空压机	$Q=24m^3/min$，$p_N=0.85MPa$	台	2	
6	冲洗水泵	$Q=12m^3/h$，$H=50m$	台	2	

序号	名称	规格	单位	数量	备注
三	干燥固化单元				
7	旁路蒸发干燥塔	材质为2205＋Q235合金，水量3m³/h。配套气鞘防积灰装置、喷枪、支架、全自动传灰系统、平台、扶梯等	套	2	
8	蒸发器入口隔离门	电动插板式隔绝门，尺寸为DN1350	台	2	
9	蒸发器入口调节门	电动挡板式调节门，尺寸为DN1350	台	2	
10	蒸发器出口隔离门	电动挡板式隔绝门，尺寸为DN1200	台	2	
11	蒸发器二次风管道电动隔离门	电动闸阀，尺寸为DN300	台	2	
12	蒸发器入口烟道膨胀节	金属膨胀节	台	2	
13	蒸发器入口膨胀节	金属膨胀节	台	2	
14	蒸发器出口烟道膨胀节	金属膨胀节	台	2	
15	蒸发器出口膨胀节	金属膨胀节	台	2	
16	清灰系统膨胀节	金属膨胀节	台	2	
17	蒸发器一次风膨胀节	金属膨胀节	台	2	
18	干燥塔支架及进出口烟道支架	组件，材质为Q235B合金	套	2	
19	蒸发器入口烟道	材质为Q235B合金，厚6mm	t	12	
20	蒸发器出口烟道	材质为Q235B合金，厚6mm	t	10	

5. 投资估算（仅供参考）

该项目投资估算见表2-60。

表 2-60　　　　　　投资估算表

序号	工程或费用名称	费用（万元）	各项占静态投资（%）
1	预处理单元＋浓缩减量单元	4638	58.87
2	干燥固化单元	2368	30.08
3	与厂址有关的单项工程	30	0.39

序号	工程或费用名称	费用（万元）	各项占静态投资（%）
4	其他费用	464	5.89
5	基本预备费	375	4.77
6	工程静态投资	7875	100
7	动态费用	69	
8	项目计划总资金	7944	

第三章　末端废水处理工艺方案专题分析

第一节　低温烟气蒸发浓缩减量＋主烟道蒸发干燥工艺方案专题分析[1]

一、低温烟气蒸发浓缩减量对脱硫系统水耗的影响分析

低温烟气蒸发浓缩减量工艺利用电除尘器后脱硫塔前低温烟气余热，对高含盐废水进行浓缩减量处理，由于脱硫塔入口烟温的改变，影响到石灰石-石膏湿法脱硫系统的工艺耗水量。

脱硫系统水平衡图如图 3-1 所示，脱硫系统中水耗主要包括两部分：第一部分，脱硫塔出口烟气带走的饱和水蒸气，出口烟气带走的

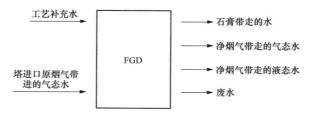

图 3-1　脱硫系统水平衡图

---

❶　本专题分析针对第二章第二节实例。

液滴，脱硫产物石膏带走的水分；第二部分，脱硫系统排放的废水。

以某 1000MW 超超临界机组石灰石-石膏湿法脱硫系统为计算实例分析对象，该机组 100％负荷下，燃用设计煤种时脱硫系统水耗，其计算结果如图 3-2～图 3-4 所示。如图 3-2 所示是该机组入口烟温与出口烟温及烟气携带饱和水蒸气量间的关系曲线，从图 3-2（a）可以看到脱硫塔出口烟温随着入口烟温的降低而降低，入口烟温为 135℃时，其出口烟温为 52.3℃，当入口温度降低到 85℃时，出口烟温为48.2℃，变化幅度较小，低温余热利用对出口温度影响不大，这是因为进入脱硫塔后的烟气与塔内喷淋的浆液进行了复杂的传热及化学反应，使得浆液中的水分加热至饱和温度，并吸收大量的气化潜热，但由于浆液量较多从而温度变化的幅度较小。从图 3-2（b）中可以看到，烟气携带饱和水蒸气量随着入口烟温降低而降低，呈正比关系，入口烟温的改变对烟气携带饱和水蒸气量影响较大，入口烟温为135℃降到 85℃时，该部分水耗随之降低 43.7m³/h，这是因为降低脱硫塔烟气入口温度会减少排烟量，而最主要的原因是出口含湿量大大

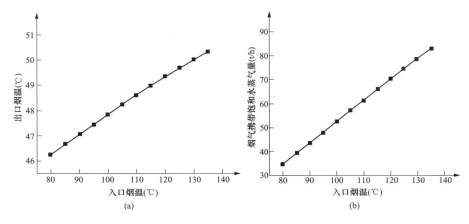

图 3-2　入口烟温与出口烟温及烟气携带饱和水蒸气量关系曲线

（a）脱硫塔出口烟温随入口烟温变化关系曲线；

（b）烟气携带饱和水蒸气量随入口烟温变化关系曲线

增加，如图 3-3 所示。从图中可以看到烟气出口温度对出口烟气含湿量影响很大，这是因水蒸气性质所致，改变温度能大大影响饱和水蒸汽压，从而使得影响含湿量。

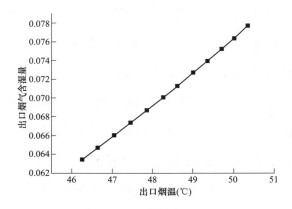

图 3-3　出口烟温与出口烟温含湿量关系曲线

通过以上模型计算该机组 100% 负荷不同烟气出口温度下石膏带走的水量和净烟气带走的液滴如图 3-4 所示，两者耗水量随着入口烟温降低而缓慢降低，但基本分别维持在 $7.7\mathrm{m}^3/\mathrm{h}$ 与 $0.17\mathrm{m}^3/\mathrm{h}$，说明低温余热利用对这两部分水耗影响很小，因此总水耗主要受烟气携带水蒸气的影响。

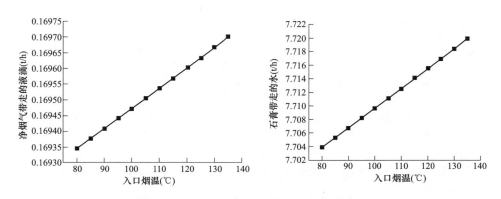

图 3-4　净烟气带走的液滴及石膏带走的水与入口烟温关系曲线

烟气携带水蒸气是产生水耗的主要方面，入口烟温为135℃降到85℃时，该部分水耗随之降低了43.7m³/h，脱硫塔入口烟温对水耗有较大影响。

脱硫系统中排放的废水相对较小，并与氯离子浓度有关，可认为氯离子浓度在机组运行中保持不变，不考虑低温余热利用下该部分水耗的变化，则该部分水耗变化较小。

二、主烟道蒸发干燥工艺对原有设备的影响分析

1. 对锅炉效率的影响

主烟道蒸发工艺利用空气预热器后烟气热量，对锅炉热效率基本不产生影响。

2. 对除尘器的影响

电除尘器效率计算式如下

$$\eta = 1 - \exp\left(-\frac{A}{Q}\omega_k\right)^k \tag{3-1}$$

式中　A——收尘板面积，m^2；

　　　Q——烟气量，m^3/s；

　　　ω_k——表观驱进速度，cm/s；

　　　k——修正系数。

式（3-1）表明：电除尘器效率与表观驱进速度、比集尘面积的大小有关；在电除尘器尺寸一定的前提下，比集尘面积越大、驱进速度越大除尘效率越高。驱进速度与粉尘粒子的荷电量、粉尘的荷电量成正比，粉尘的荷电能力取决于粉尘的比电阻、粒径大小、电场的供电特性等。

在锅炉BMCR工况，每台机组蒸发3.6m³/h废水，烟气量会增加0.17%，烟气湿度增加0.16%左右。烟气湿度增加导致烟尘比电阻

降低，有利于提高电除尘器的除尘效率，但是无法通过理论计算进行量化。烟气量增加，会导致电除尘器除尘效率降低。根据以往经验，对电除尘器效率影响很小，具体影响数值只能通过试验测试确定。

根据模拟计算可知，在锅炉 BMCR 工况，每台机组蒸发 $3.6m^3/h$ 废水，烟气酸露点增加不超过 $0.4℃$，烟气温度仍旧高于酸露点以上，不会加剧低温省煤器腐蚀，对除尘器的除尘效率和安全运行基本没有影响。

3. 对烟气温度的影响

根据 1、2、3、4 号机组运行时的工况，主烟道蒸发工艺对烟气参数的影响详见表 3-1、表 3-2。

表 3-1　　　　1、2 号机组主烟道蒸发工艺对烟气参数的影响

序号	项目	单位	BMCR	75％THA
1	蒸发前烟气温度	℃	125	120
2	蒸发前烟气体积	m^3/h	965617.9	691646.5
3	废水蒸发量单台	m^3/h	1.5	1.5
4	蒸发后温降值	℃	4.6	6.5
5	蒸发后烟气温度	℃	120.4	113.5

表 3-2　　　　3、4 号机组主烟道蒸发工艺对烟气参数的影响

序号	项目	单位	BMCR	75％THA
1	蒸发前烟气温度	℃	135	130
2	蒸发前烟气体积	m^3/h	1231069	1129393
3	废水蒸发量单台	m^3/h	4	4
4	蒸发后温降值	℃	9.8	10.6
5	蒸发后烟气温度	℃	125.2	119.4

根据烟道内分配的脱硫废水的量及相应的烟道内烟气的相关物理参数等进行计算，脱硫废水在烟道内完全蒸发处理后，其中 2 号机组烟气温度降低至 113.5℃，4 号机组烟气温度降低至约 119.4℃，烟气湿度增加约 0.8%。

由于空气预热器出口烟道内烟气温度依然较高，末端废水蒸发形成的水蒸气在烟道内不会与 SO_2 反应生成 H_2SO_3（H_2SO_3 分子不稳定，在常温下即可分解），因此基本不存在 H_2SO_3 腐蚀烟道和极板的情况。另外，烟气中含有微量的 SO_3 会与水蒸气反应生成 H_2SO_4，但是由于烟气中 SO_3 的含量极低，生成的 H_2SO_4 也极少，并且产生的微量的 H_2SO_4 极易被烟气中高浓度的粉煤灰包裹消耗，因此基本可以忽略 H_2SO_4 腐蚀烟道和极板的情况。

同时，根据 4 台机组烟气中水蒸气、含氧量以及 SO_3 含量等数据，可以大致计算出烟气酸露点温度为 95℃，由于烟气仍处于过热状态，远高于酸露点温度，理论上不需要对末端废水喷入点后的烟道进行防腐改造处理。但为了避免在异常工况下，喷出的水雾在烟道壁上凝结可能造成腐蚀，可以对末端废水喷入点后的部分烟道做防腐处理。

4. 对吸收塔水平衡的影响

根据主烟道蒸发干燥技术的特征，末端废水雾化蒸发产生的水蒸气绝大部分可以在脱硫吸收塔内冷凝后用作脱硫工艺用水，从而减少脱硫吸收塔对新鲜水的使用量。因此会对脱硫吸收塔的水平衡产生一定的影响，但由于补充水量相对于石灰浆液量占比较小（<3%），因此影响也较小。

5. 对脱硫效率的影响

实际运行过程中，机组负荷变化频繁，FGD 进口烟温也会随之波动，对脱硫效率有一定的影响。喷入脱硫废水后，烟气温度降低，进入脱硫吸收塔的烟气温度越低，越有利于 SO_2 气体溶于浆液，形成 HSO_3^-。且蒸发水量最后在脱硫吸收塔捕集，可作为脱硫工艺补水。

6. 对粉煤灰综合利用的影响

在主烟道蒸发工艺中，末端废水被完全蒸发为水蒸气和干燥灰渣，其中水蒸气随烟气进入脱硫系统冷凝成水，间接补充脱硫系统用水，而干燥灰渣随着水分蒸发干燥成固体颗粒，随烟气一起并入烟道，随粉煤灰一起在除尘器内被捕捉，进入灰斗排入灰库，脱硫废水中氯离子含量相对烟尘的排放量来说，所占比例极少，对粉煤灰综合利用的影响计算结果如下：

由锅炉性能计算数据汇总表可知，在 BMCR 工况下 1、2 号机组单台实际燃料消耗量为 75.68m^3/h，校核煤种收到基灰分为 38.07%。在 BMCR 工况下 3、4 号机组单台实际燃料消耗量为 143.13m^3/h，校核煤种收到基灰分为 31.82%。

经浓缩减量处理后进入 1、2 号机组单台机组主烟道蒸发干燥的废水量为 1.5m^3/h，3、4 号机组单台机组主烟道蒸发干燥的废水量为 4m^3/h，共 10.8m^3/h。废水中氯离子含量约为 60000mg/L，TDS 约为 240000mg/L。最不利情况下，所有氯均进入粉煤灰中。

1、2 号机组：

（1）进入粉煤灰中氯离子总含量：$Q_1 = 1.5 \times 1000 \times 60000 = 0.090m^3$/h；

（2）进入粉煤灰中盐分总含量：$Q_2 = 1.5 \times 1000 \times 240000 = 0.36m^3$/h。

3、4 号机组：

（1）进入粉煤灰中氯离子总含量：$Q_1 = 4 \times 1000 \times 60000 = 0.24m^3$/h；

（2）进入粉煤灰中盐分总含量：$Q_2 = 4 \times 1000 \times 240000 = 0.96 m^3/h$。

根据环境统计手册，锅炉中煤粉燃烧产生粉煤灰量的计算公式为

$$Gfh = B \times A \times dfh \times \eta/(1 - Cfh) \qquad (3-2)$$

式中　Gfh——煤灰产生量。

　　　B——耗煤量。

　　　A——煤的灰分，根据煤质指标，1、2 号机组校核煤种收到基灰分为 38.07%；3、4 号机组校核煤种收到基灰分为 31.82%。

　　　dfh——烟尘中灰分占燃煤总灰分的百分比（煤粉炉 75% ~ 85%），一般取 75%。

　　　η——除尘率，取 99.9%。

　　　Cfh——煤灰中的可燃物含量（15% ~ 45%），一般取 25%。

所以，煤灰产量：

1、2 号机组：$Gfh = 75.68 \times 0.3807 \times 0.75 \times 0.999/(1 - 0.25)$ $m^3/h = 28.78 m^3/h$；

3、4 号机组：$Gfh = 143.13 \times 0.3182 \times 0.75 \times 0.999/(1 - 0.25)$ $m^3/h = 45.50 m^3/h$。

脱硫废水蒸发后氯离子在粉煤灰中的占比：

1、2 号机组：$\eta_{Cl1} = 0.090/(28.78 + 0.36) = 0.00308 = 0.308\%$；

3、4 号机组：$\eta_{Cl2} = 0.24/(45.50 + 0.96) = 0.00517 = 0.517\%$。

《混凝土质量控制标准》（GB 50164—2011）中规定，对于一般建筑结构及预制构件的普通混凝土，宜采用通用硅酸盐水泥；高强混凝土和有抗冻要求的混凝土宜采用硅酸盐水泥或普通硅酸盐水泥。混凝土拌合物中水溶性的氯离子最大含量应符合表 3-3 中规定。

《通用硅酸盐水泥》（GB 175—2007）中，硅酸盐水泥中不允许掺

入粉煤灰，普通硅酸盐水泥中粉煤灰掺入量小于等于 20%。

表 3-3　　　　　　混凝土拌合物中水溶性氯离子最大含量

（水泥用量的质量百分比）　　　　　　%

环境条件	水溶性氯离子最大含量		
	钢筋混凝土	顶应力混凝土	素混凝土
干燥环境	0.30		
潮湿但不含氯离子的环境	0.20	0.06	1.00
潮湿且含有氯离子的环境、盐渍土环境	0.10		
除冰盐等侵蚀性物质的腐蚀环境	0.06		

1、2 号机组：0.06%/0.308%＝19.4%；

3、4 号机组：0.06%/0.517%＝11.6%。

参照上述标准要求，1、2 号机组粉煤灰在掺入量不超过 19.4% 的情况下，3、4 号机组粉煤灰在掺入量不超过 11.6% 的情况下，可用于任何环境条件下的混凝土拌合物。

主烟道烟气蒸发干燥工艺不会影响电厂粉煤灰的二次利用。

7. 喷嘴堵塞问题

主烟道蒸发干燥工艺采用双流体雾化喷嘴，比普通形式喷嘴的孔径更大，并采用硬质合金材质，具有优异的抗腐蚀和堵塞性能。一般的高压水喷嘴为了保证雾化颗粒尽可能细小，一般孔径不会超过 2mm，容易出现结垢、因水过滤器不好等因素造成的堵塞现象。而双流体雾化喷枪具有 4~8 个孔径为 6mm 的喷孔，其独特的超大喷孔设计，对水中杂质颗粒具有更大的适应性，不会造成喷嘴堵塞。

8. 系统隔离

主烟道蒸发干燥系统相关设备均可实现在线隔离。因与机组原有设备（空气预热器至除尘器间烟道）相连接的雾化喷枪采用法兰式连接，且机组运行时烟道内部为负压，均可实现在线拆卸、维护和检修。

9. 控制系统及故障处理

主烟道蒸发干燥控制系统采集烟道直喷系统相关工作点位的液位、压力、温度、流量、阀门开关、废水泵的运行、故障等信号，设置雾化系统空气压力低停机、空气预热器出口烟温低停机以及机组负荷低停机等功能，以保证主烟道蒸发系统故障时，不影响锅炉机组的安全运行。并通过控制中心内部程序的计算处理、综合分析，对系统各执行部件发出相应控制指令，实现自适应量的自动化控制，确保整个系统安全稳定的运行。

另外，烟道直喷控制系统可实现无人值守运行，在监控画面实时、准确显示包括但不仅限于脱硫废水处理入水总量，单喷嘴雾化处理量等运行参数，能实现数据自动采集、实时调阅、显示电气接线、事故自动记录以及故障追忆等功能。

10. 自动清洗系统

主烟道蒸发干燥系统中清洗系统设置有冲洗水泵、自动阀门以及仪表等设备，在控制系统中设置有自动在线清洗功能，当主烟道蒸发系统停止喷洒废水后，待废水泵停止工作后通过系统检测自动启动冲洗水泵及自动阀门，完成在线清洗废水管道及雾化系统。

第二节　低温烟气蒸发浓缩减量＋旁路烟道蒸发干燥工艺方案专题分析❶

一、低温烟气蒸发浓缩减量工艺对系统的影响分析

1. 对锅炉效率的影响

浓缩系统是抽取电除尘引风机后与脱硫塔之间的烟气对高含盐废

---

❶ 本专题分析针对第二章第三节实例。

水进行蒸发和浓缩，故对锅炉效率无影响。

2. 对引风系统的影响

单独设置浓缩塔增压风机来克服系统阻力，故对引风机系统无影响。

3. 对脱硫效率的影响

石灰石-石膏湿法脱硫的计算理论是基于 Lewis 双膜理论，其计算式如下

$$L = SF \cdot F_{corr}(C_{SO_2}, N_{tot}) \cdot \left[\frac{N_{tot} \cdot \ln\frac{1}{1-\eta} \cdot C_{SO_2} \cdot V \cdot H \cdot ds}{a \cdot D \cdot p_{tot} \cdot kr \cdot pH \cdot IS \cdot W_g} \right]^{\frac{1}{c}}$$

$$(3\text{-}3)$$

式中　L——循环浆液总量，m^3/h；

　　SF——安全系数；

　　ds——浆液液滴平直径，m；

　　D——吸收塔直径，m；

　　F_{corr}——C_{SO_2} 与 H_{tot} 函数的修正系数；

　　p_{tot}——吸收塔总压力，$\times 10^5 Pa$；

　　N_{tot}——总气体流量，kmol/s；

　　kr——反应速率常数；

　　η——SO_2 脱出效率，%；

　　pH——浆液运行 pH 值；

　　C_{SO_2}——气相得 SO_2 浓度，mg/h；

　　IS——浆液中钙离子浓度，kmol/L；

　　W_g——浆液固含量，%；

　　H——亨利常数。

从式（3-3）可以看出，SO_2 的脱除效率只跟等式中的各因素有

关。本工程中采用脱硫塔入口的低温烟气来浓缩全厂末端废水，只利用了烟气的余热来蒸发废水中的水分，从而达到浓缩的目的。在浓缩的过程中，不涉及除总烟气流量以外任何影响 SO_2 脱除效率因素的变化。

从脱硫塔之前抽取部分烟气来蒸发废水，再返回至脱硫塔时，混合进入脱硫塔的烟气总流量会有所增大，增大量只为烟气浓缩废水的蒸发量。将式（3-3）进行变换后得到下面关于脱硫效率更为直观的计算式。

$$\eta_{SO_2} = 1 - e^{-[f(L,\ N_{tot},\ D,\ H,\ pH,\ ds,\ \cdots)]}$$

由此可见，当只有烟气流量增大时，脱硫效率是会增大的。脱硫塔入口抽取烟气浓缩废水后，与原烟气混合再次进入脱硫塔的烟气量相比增大约 1%，对脱硫效率的影响是正面有利的。

此外，锅炉烟气进入脱硫塔时温度会有一定波动，烟温偏高时会增加脱硫塔耗水量，增加排烟烟气湿度。经过脱硫塔后，烟气温度有所降低。适量降低脱硫塔前烟气温度，提前降低脱硫塔内烟气温度，如使用浓缩减量工艺，可减少和抑制脱硫塔内工艺水的蒸发消耗，是有利因素。同时，控制烟气浓缩工艺运行参数，保证设备增设前后，脱硫塔尾端烟气温度不变，此时可完全避免对后续烟囱排放烟气的影响。

4. 对脱硫水平衡的影响

水平衡是石灰石-石膏湿法脱硫系统中的重要平衡，水循环率对系统的稳定、石膏的品质、设备材料的选择都有重要的影响。水循环率的大小对吸收塔和管路中浆液中的固体组分的含量会有一定的影响，特别是颗粒较小的组分。

如加大水循环率，即减小废水的排放量，则会加大液体中 Cl^- 和硫酸根的含量，对设备管道的材质要求高，石膏的纯度差。但是如果加大废水的排放量，则会增加废水处理系统的建造成本及废水处理的运行成本，同时耗水量增加。

所以合理的选择确定水平衡对于优化系统设计，降低成本及节约用水都有至关重要的作用。

水平衡的计算原理：FGD 系统进水量＝FGD 系统出水量，详见图 3-5。

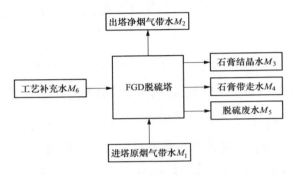

图 3-5　FGD 脱硫塔水平衡图

图 3-5 中原 FGD 脱硫塔的水平衡可以根据下式来计算

$$M_1 + M_6 = M_2 + M_3 + M_4 + M_5$$

当抽取 FGD 脱硫塔入口的部分烟气用来浓缩全厂末端废水后，再利用锅炉 SCR 出口高温烟气蒸发干燥浓缩液，整个 FGD 脱硫塔＋低温烟气浓缩减量单元＋旁路蒸发干燥单元系统的水平衡见图 3-6。

图 3-6 中，Q 为低温烟气浓缩减量单元所蒸发的水量，S 为旁路蒸发干燥单元所蒸发的水量。由图 3-6 可见，为了达到原有 FGD 系统的水平衡，即

$$M_1 + M_6 = M_2 + M_3 + M_4 + M_5$$

则工艺补充水 M_6 必须减除低温烟气浓缩减量单元所蒸发的水量 Q 和旁路蒸发干燥单元所蒸发的水量 S，所以工程实施时只要比较工艺补充水 M_6 与蒸发水量 Q、高温烟气固化单元所蒸发水量 S 的关

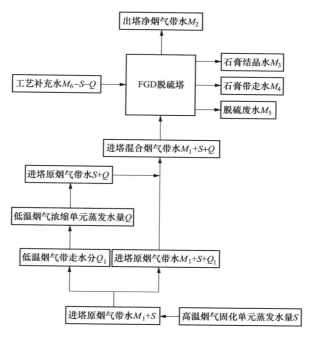

图 3-6 FGD 脱硫塔＋低温烟气浓缩减量单元＋

旁路蒸发干燥单元系统水平衡图

系，综合确定 FGD 脱硫塔的水平衡问题。

二、旁路烟道蒸发干燥工艺对系统的影响分析

1. 对锅炉效率的影响

经计算，该电厂 2×660MW 机组烟道安装旁路蒸发干燥塔后，对锅炉效率影响见图 3-7。

旁路烟道蒸发结晶设备，对锅炉效率等影响总结如下：

在 BMCR 锅炉工况下，660MW 机组单台炉抽取烟气按照设计蒸发 $2.0m^3/h$ 废水量，则抽取烟气占锅炉对应出力产生总烟气的比例为 0.876％，综合作用造成锅炉效率较设计下降 0.04117％。

按规程试验时锅炉效率的不确定度一般在 0.4％～0.8％，旁路烟

图 3-7　旁路蒸发干燥塔对锅炉效率影响

道蒸发系统设计水量在不同工况下影响锅炉热效均小于 0.04117%，对锅炉效率影响较小。

2. 对除尘器和烟道的影响

采用旁路烟道蒸发干燥工艺，高盐废水浓缩水在干燥塔内蒸发结晶，蒸发后的水蒸气随烟气一同进入到静电除尘器中，烟气湿度有所增加。660MW 单台机组抽取烟气设计最大 $2m^3/h$ 蒸发量，理论烟气温度的下降，湿度的增加，烟尘比电阻降低，有利于提高静电除尘器的除尘效率。同时，由于废水蒸发后的结晶盐颗粒粉尘的混入，总的烟尘量有所增加。静电除尘器本身除尘效率较高，可达 99% 以上，烟尘量的少量增加，完全在除尘器总负荷范围之内，并不会影响除尘器出口和烟气排放口的颗粒粉尘含量指标。

此外，旁路蒸发干燥塔系统可调整运行条件，控制出口烟温在

130℃以上，确保脱硫废水 100％蒸发，进入除尘器入口烟温控制在
95℃以上，高于酸露点温度，不会对除尘器和烟道产生低温腐蚀。所
以可判断喷雾结晶不会对除尘器造成不良影响。

通过对脱硫废水雾化前后烟气含量、除尘效率等影响进行理论分
析和案例说明，结果表明高含盐废水在干燥塔内完全蒸发后对静电除
尘器无增加腐蚀，对除尘效果有一定的向好作用，即对除尘器运行无
不利影响。

3. 对粉煤灰综合利用的影响

本工程低温烟气浓缩减量单元处理后废水量共计 $3.75m^3/h$，
TDS 约为 200000mg/L，零排放阶段 1、2 号机组，单台机组废水处
理量不小于 $2m^3/h$，经深度优化用水后，脱硫废水中氯离子含量一般
不超过 15000mg/L，经低温烟气浓缩 4 倍后，废水中氯离子含量不超
过 60000mg/L。

根据 1、2 号机组电除尘器性能考核试验报告可知，在 100％负荷
条件下，两台机组的除尘器性能参数见表 3-4。

表 3-4　　　　　　　1、2 号机组的除尘器性能试验参数

项　　目	1 号机组除尘器		2 号机组除尘器	
	A 侧	B 侧	A 侧	B 侧
烟气量（m^3/h，实际状态）	1655562	1699433	1748168	1608235
进口烟尘浓度（mg/m^3）	32915	32895	32871	33464
出口烟尘浓度（mg/m^3）	9.2	9.2	9.5	9.2
进口温度（℃）	137	135	141	141
出口温度（℃）	134	132	139	138

根据表 3-4 中的设计参数，经过浓缩减量及零排故阶段改造实施
后，1 号机组粉煤灰中氯离子增加量计算如下：

1 号单台机组煤灰产量为

$$M_1 = [(1655562 + 1699433) \times 273/(273 + 136)] \times (32.905 - 0.0092)$$
$$\times 10^{-6} \text{m}^3/\text{h} = 73.7 \text{m}^3/\text{h}$$

经第一阶段优化用水后，进入单台机组粉煤灰中的氯离子量为

$$M_2 = 2 \times 60000 \times 10^{-9} \text{m}^3/\text{h} = 0.12 \text{m}^3/\text{h}$$

进入单台机组粉煤灰中的干燥物为

$$M_3 = 2 \times 200000 \times 10^{-9} \text{m}^3/\text{h} = 0.4 \text{m}^3/\text{h}$$

脱硫废水中氯离子引起 1 号机组粉煤灰中氯离子的增加量为

$$\eta_{\text{Cl}} = 0.1125/(73.7 + 0.4) = 0.162\%$$

同理，脱硫废水中氯离子引起 2 号机组粉煤灰中氯离子的增加量为 0.162%。

《通用硅酸盐水泥》（GB 175—2007）的标准中规定，粉煤灰在硅酸盐水泥中的掺混比例为 20%～40%，数据见表 3-5。

表 3-5 通用硅酸盐水泥的组分

品种	代号	组　分				
		熟料＋石膏	粒化高炉矿渣	火山灰质混合材料	粉煤灰	石灰石
硅酸盐水泥	P.Ⅰ	100	—	—	—	—
	P.Ⅱ	≥95	≤5	—	—	—
		≥95	—	—	—	≤5
普通硅酸盐水泥	P.O	≥80 且<95	>5 且≤20			
矿渣硅酸盐水泥	P.S.A	≥50 且<80	≥20 且<50	—	—	—
	P.S.B	≥30 且<50	≥50 且<70	—	—	—
火山灰质硅酸盐水泥	P.P	≥60 且<80	—	>20 且≤40	—	—
粉煤灰硅酸盐水泥	P.F	≥60 且<80	—	—	>20 且≤40	—
复合硅酸盐水泥	P.C	≥50 且<80	>20 且≤50			

如果电厂的粉煤灰销售用于制作粉煤灰硅酸盐水泥，则应遵守《通用硅酸盐水泥》（GB175—2007）中的规定（见表3-6），因此，即控制1号机组粉煤灰在硅酸盐水泥中掺混比例不超过39%，控制2号机组粉煤灰在硅酸盐水泥中掺混比例不超过39%时，可控制粉煤灰硅酸盐水泥中氯离子质量百分比小于等于0.06%，此时，旁路蒸发干燥工艺不会对1、2号机组粉煤灰综合利用产生不利影响。不改变粉煤灰掺入参比但氯离子含量超标时，可通过蒸发器下灰斗，将超标部分输送至锅炉渣系统。

表 3-6   通用硅酸盐水泥化学指标

品种	代号	不溶物（质量分数）	烧失量（质量分数）	三氧化硫（质量分数）	氧化镁（质量分数）	氯离子（质量分数）
硅酸盐水泥	P.Ⅰ	≤0.75	≤3.0	≤3.5	≤5.0[a]	≤0.06[c]
	P.Ⅱ	≤1.50	≤3.5			
普通硅酸盐水泥	P.O	—	≤5.0			
矿渣硅酸盐水泥	P.S.A	—	—	≤4.0	≤6.0[b]	
	P.S.B	—	—		—	
火山灰质硅酸盐水泥	P.P	—	—	≤3.5	≤6.0[b]	
粉煤灰硅酸盐水泥	P.F	—	—			
复合硅酸盐水泥	P.C	—	—			

[a] 如果水泥压蒸试验合格，则水泥中氧化镁的含量（质量分数）允许放宽至6.0%。

[b] 如果水泥中氧化镁的含量（质量分数）大于6.0%时，需进行水泥压蒸安定性试验并合格。

[c] 当有更低要求时，该指标由买卖双方协商确定。

第三节　管式膜＋电渗析＋旁路烟道/主烟道蒸发 干燥工艺方案专题分析❶

一、主烟道蒸发干燥工艺对原有设备的影响分析

1. 对锅炉效率的影响

主烟道蒸发干燥工艺利用空气预热器后烟气热量，不会对锅炉热效率产生影响。

2. 对除尘器的影响分析

末端废水 1.5m³/h 在主烟道蒸发干燥，烟气湿度增加，烟尘比电阻降低，有利提高静电除尘器的除尘效率，对除尘器积灰、腐蚀影响：1、2 号机组，单台机组蒸发废水量 1.5m³/h，烟气原始温度 126.1℃，蒸发废水后烟气温度 121.2℃，烟气原始酸露点温度 98.8℃，蒸发废水后酸露点温度，99.8℃。

只有当烟气温度低于露点温度时，烟气才会出现结露、糊袋，增加阻力等现象。蒸发废水后，烟气酸露点为 99.8℃，远远低于蒸发后的烟气温度 121.2℃，所以对除尘器不会产生腐蚀影响。

3. 对粉煤灰综合利用的影响

参照电厂锅炉性能计算数据汇总表可知，在 BMCR 工况下一期机组单台实际燃料消耗量为 58.35m³/h。经浓缩减量处理后进入一期机组进行蒸发干燥的废水量共计 1.5m³/h，TDS 约为 200000mg/L。单台机组处理废水量为 0.75m³/h。脱硫废水中氯离子含量约 15000mg/L，循环冷却系统排水的预浓缩浓水中氯离子含量约 3500mg/L，最不利

---

❶　本专题分析针对第二章第六节实例。

情况下，所有氯均进入粉煤灰中，经浓缩减量后，废水中氯离子含量不超过 67000mg/L。

则进入粉煤灰中氯离子总含量：$Q_1 = 750 \times 67000$mg/L$= 0.050$m³/h；

进入粉煤灰中盐分总含量：$Q_2 = 750 \times 200000$mg/h$= 0.15$mm³/h。

根据式（3-2）计算煤灰产量：

$Gfh = 58.351 \times 0.265 \times 0.75 \times 0.999 / (1 - 0.25)$ m³/h $= 15.45$m³/h；

末端废水蒸发后氯离子在粉煤灰中的占比：$\eta_{Cl1} = 0.050/(15.45 + 0.15) = 0.00364 = 0.321\%$；

粉煤灰掺入量：$0.06\%/0.321\% = 18.70\%$。

参照《混凝土质量控制标准》（GB 50164—2011）中"混凝土拌合物中水溶性氯离子最大含量小于等于 0.06%"以及《通用硅酸盐水泥》（GB 175—2007）标准中"硅酸盐水泥中不允许掺入粉煤灰，普通硅酸盐水泥中粉煤灰掺入量小于等于 20%"的要求，粉煤灰在掺入量不超过 18.70%的情况下，可用于任何环境条件下的混凝土拌合物。

因此，主烟道蒸发干燥技术不会影响该电厂粉煤灰的二次利用。

4. 其他影响分析

对脱硫效率影响分析、喷嘴堵塞问题、系统隔离、自动清洗系统问题参照本章第一节的分析，此处不再赘述。

二、旁路烟道蒸发干燥工艺对原有设备的影响分析

1. 对锅炉效率的影响

3、4 号机组为 350MW 燃煤抽凝机组，安装旁路烟道蒸发干燥塔，单台炉设计蒸发水量为 3.0m³/h，锅炉 100%BMCR 工况下，按空气预热器入口 351.7℃，则单台炉抽取烟气量 29805.05m³（标况下），则抽取烟气占锅炉对应出力产生总烟气的比例为 3%，综合作用

造成锅炉效率较设计下降 0.11938，该工况下对锅炉效率及煤耗影响微小。按规程试验时锅炉效率本身的不确定度一般在 0.4%～0.8%。详见图 3-8。

图 3-8　旁路烟道蒸发干燥影响分析图

2. 对除尘器和烟道的影响

3、4 号机组满负荷时设计蒸发脱硫废水 3.0m³/h 台炉，烟气湿度增加 0.38% 左右。通常烟尘比电阻降低，有利提高静电除尘器的除尘效率。同时，由于废水蒸发后的结晶盐颗粒粉尘的混入，总的烟尘量有所增加。静电除尘器本身除尘效率较高，可达 99.7%，烟尘量的少量增加，完全在除尘器总负荷范围之内，并不会影响除尘器出口和烟气排放口的颗粒粉尘含量指标。

烟气湿度增加并不会对电除尘产生影响，只有当烟气温度低于露点温度时，烟气才会出现结露，增加阻力。影响烟气露点的主要因素有炉型、燃煤含硫量、燃煤含灰量、烟气含水量、烟气过剩系数；其他条件不变，烟气湿度增大，烟气的露点升高，但影响并不大，烟气湿度增加 0.35％，烟气露点仅上升 0.59℃。旁路烟道蒸发干燥塔出口烟温控制在 150℃ 以上，锅炉满负荷时脱硫废水蒸发 3.0m³/h，空气预热器出口烟温降低 4.9℃ 至 124.1℃，远高于烟气酸露点，不会对烟道、电除尘器产生腐蚀及其他影响。

通过对末端废水雾化前后烟气含量、除尘效率等影响进行理论分析，结果表明末端废水在干燥塔内完全蒸发，对静电除尘器运行无不利影响，且对除尘效果有一定的向好作用。

3. 对空气预热器的影响

该电厂所有机组空气预热器设计阶段，均预留有 5％ 的设计余量，旁路烟道蒸发干燥技术在空气预热器前段抽取 5％ 左右的烟气（约 350℃）蒸发废水（以 350MW 计算，每台机组可以蒸发约 4m³/h 废水），抽取的烟气被降温增湿后引回空气预热器出口后与原烟气混合进入除尘器，旁路烟道蒸发干燥塔与空气预热器为并联形式，所以理论上旁路烟道蒸发干燥系统对原烟风系统没有影响。

4. 对粉煤灰综合利用的影响

由锅炉性能计算数据汇总表可知，在 BMCR 工况下 3、4 号机组单台实际燃料消耗量为 122.5m³/h。经浓缩减量处理后进入 3、4 号机组干燥固化单元的废水量共计 4.7m³/h，TDS 约为 200000mg/L。脱硫废水中氯离子含量约 15000mg/L，循环冷却系统排水的预浓缩浓水中氯离子含量约 3500mg/L，经浓缩减量后，废水中氯离子含量不超过 67000mg/L。

则进入粉煤灰中氯离子总含量：$Q_1 = 2350 \times 67000mg/L = 0.158m³/h$；

进入粉煤灰中盐分总含量：$Q_2 = 4700 \times 200000mg/h = 0.47m³/h$；

根据式（3-2）计算煤灰产量：$Gfh = 122.5 \times 0.224 \times 0.75 \times 0.999/(1-0.25)\mathrm{m^3/h} = 27.41\mathrm{m^3/h}$；

脱硫废水蒸发后氯离子在粉煤灰中的占比：$\eta_{Cl} = 0.158/(27.41 + 0.47) = 0.00540 = 0.567\%$；

粉煤灰掺入量：$0.06\%/0.567\% = 10.58\%$。

参照《混凝土质量控制标准》（GB 50164—2011）中"混凝土拌合物中水溶性氯离子最大含量小于等于0.06%"以及《通用硅酸盐水泥》（GB 175—2007）标准中"硅酸盐水泥中不允许掺入粉煤灰，普通硅酸盐水泥中粉煤灰掺入量小于等于20%"的要求，粉煤灰在掺入量不超过10.58%的情况下，可用于任何环境条件下的混凝土拌合物。

此外，旁路蒸发干燥塔底部配置有仓泵，可以收集部分灰分，减少被电除尘捕捉的灰量，该部分灰可以输送至渣仓，统一处理或二次利用。

因此，旁路烟道蒸发干燥技术可以认为基本不会影响该电厂粉煤灰的二次利用。

第四节　末端高盐废水作为湿式除渣系统补水的可行性专题分析❶

该电厂渣水系统为湿式除渣系统，优化改造后产生的末端废水只有脱硫废水和循环冷却系统排水的预浓缩浓水，共计废水水量46.5m³/h。因此，本节针对渣水系统的特性，通过调研，对高盐废水补入渣水系统的可行性进行简单的论证、分析，仅供参考。

---

❶ 本专题分析针对第二章第六节实例。

1. 对渣水系统水质的影响

浓缩后的高盐废水进入湿渣系统后，由于水中的离子处于过饱和的不稳定状态，具有高含盐、低 pH 值、易结垢，同时具有较强的腐蚀能力。故脱硫废水进入湿渣系统后要对湿渣系统的运行情况进行评估，保证湿渣系统能够安全稳定运行。同时对渣水的水质情况进行监测。

通过对几个电厂调研数据分析，高含盐废水进入渣水后，在渣水的高 pH 值下，水中的污染物和大量金属发生反应，氟离子降到合格区间，COD 及其他重金属指标均有效降低，只要补入的高盐废水水量与渣系统的蒸发量匹配，未发现对渣水系统水质有明显影响。

2. 对灰渣复利用影响分析

通过对火力发电厂湿渣利用情况的调研，目前湿渣主要用于垫路、制造烧结空心砖等。

高盐废水作为湿渣补充水后，导致湿渣中钙、镁、硫酸根、氯离子组成的可溶性无机盐分微量增加，对于作为垫路用是没有影响的。

作为制造烧结空心砖再利用的湿渣，影响其使用的主要因素是渣本身的成分，因为浓缩后的高含盐废水进入渣的无机盐量比较小，每吨干渣携带水分约为 $0.25m^3$，脱硫废水的含盐量约为 3%，经过渣系统浓缩 3 倍，可推算出渣携带水含盐量约为 10%，即引入的无机盐占总量比例约为 2.5%，通过调研粉煤灰砖厂对渣的使用情况，添加废水后的灰渣完全满足制砖要求，未发现不良影响。

因此，高盐废水作为湿渣补充水，对于湿渣作为垫路和制造烧结空心砖两种再利用方式基本无影响。

3. 湿渣系统设备腐蚀情况

高含盐废水的腐蚀性主要是由于高浓度的氯离子、硫酸根离子造成的，渣水输送系统由于渣水 pH 高和灰渣中大量的碱土金属反应，导致输送管道中大量结垢，使管道内径变细甚至污堵。高盐废水排入湿渣系统后，渣水 pH 值自 12.1～12.6 逐渐降低并稳定在 8.0～8.6，输送管内的结垢现象得到缓解，但同时弊端出现，管道壁垢溶解后水力输送渣时，对管壁的冲刷腐蚀剧增。

高盐废水进入湿渣系统后设备结垢问题得以缓解，但湿渣系统设备通流部件及管路焊缝部位腐蚀磨损明显加剧，系统缺陷数量将随运行年限的增长逐年增加。

（1）根据调研及分析，渣水的腐蚀磨损作用导致渣浆泵通流部件（叶轮、护板、泵壳）的使用寿命显著降低，如渣浆泵叶轮、护板、护套的使用寿命从 40～48 个月减少至 20～24 个月。

（2）根据调研及分析，机组检修碎渣机时发现，捞碎渣机箱体及基础框架存在日趋严重的腐蚀磨损问题，每次检修均需对腐蚀磨损严重的轴套、设备箱体、绞龙等部件进行补焊或更换处理。

（3）浓缩机及脱水仓内部钢构架及焊口部位将出现严重的腐蚀问题，需结合定期检查采取对钢梁及焊缝部位进行补强处理。

4. 渣系统腐蚀原因分析

（1）高盐废水排入渣系统导致渣水 pH 值降低是导致渣管渗漏缺陷发生的主要原因。

（2）高盐废水进入渣系统后，渣水的氯离子含量高，渣管的内衬管安装方式导致渣水充盈在内管与外管之间，对外管焊口部位形成腐蚀。渣管渗漏点均以砂眼形式出现，在膨胀节（管接套）及渣管焊口部位均有发生。

（3）渣管膨胀节部位存在涡流冲刷问题，导致膨胀节部位以磨穿形式发生渗漏。

氯离子是高盐废水中含量较高的腐蚀性阴离子，具有极高的促进腐蚀反应性，又有很强的穿透性，容易穿透金属表面的保护膜，造成缝隙腐蚀和孔蚀，这是高盐废水进入渣系统后值得关注的问题。

该问题可通过对补入渣系统的高盐废水水量进行调节，密切观察废水对脱水仓、沉淀池、碎渣机、渣泵、渣浆管道等的腐蚀情况，通过运行总结得出在设备经济运行条件下，废水水量和渣系统补水水量的最佳比例关系。

5. 蒸汽携带盐分对炉膛的影响

通过对高盐废水的水质进行全分析，可知，废水中 Ca^{2+}、Mg^{2+}、K^+、Na^+、Cl^-、SO_4^{2-} 六种离子组成的无机盐占无机盐总量的比例超过 98%，这些无机盐均是非挥发性的无机盐，不会随着部分水分的蒸发而进入水蒸气中。针对刮板捞渣机的运行工况，渣水的温度一般为 60℃ 左右，不存在剧烈的沸腾反应，也不会产生沸腾反应导致的液滴被蒸汽带走的机械携带作用，只有在炉渣落入渣水中的短时间内，产生渣水飞溅和高温炉渣快速冷却引起的小面积沸腾会导致少量的液滴被蒸汽机械携带。理论上，只会有极少量的盐分随着炉渣落水而产生的机械携带进入蒸汽而进入炉膛，影响是可忽略不计的。

通过以上分析，并根据《发电厂废水治理设计规范》（DL/T 5046—2018）中 3.2.6 条款"经处理合格后的脱硫废水可用于干灰调湿或灰场喷洒以及湿除渣系统"的要求，本工程末端高盐废水浓缩后补入渣水系统是可行的，但是需要在运行过程中密切观察高盐废水对脱水仓、沉淀池、碎渣机、渣泵、渣浆管道等的腐蚀情况，并及时对腐蚀较严重的设备进行检修、维护、更换。

附录　水量平衡图

　　根据水平衡体划分的范围不同，发电厂的水量平衡可以分为：全厂水量平衡、车间（或分场）水量平衡、单项用水系统水量平衡和设备水量平衡。

　　对于不同工艺系统用水、排水的特点，需把不同工况的用水量和排水量折算成最高日平均时水量。

　　水量平衡图也可根据实际工程需要分别编制夏季10％气象条件、春秋季或年平均、冬季等不同季节时的水量平衡图。

　　附图1～附图6为典型火力发电厂的水量平衡图示例，供节水改造水量平衡设计时参考。

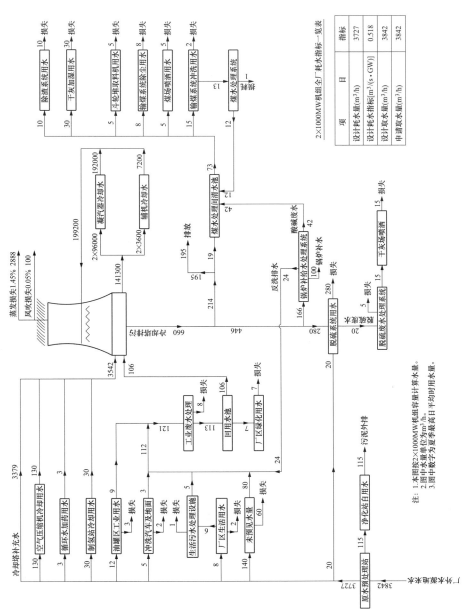

附图 1 采用循环供水系统的燃煤火力发电厂（2×1000MW）水量平衡图

2×1000MW机组全厂耗水指标一览表

项　　目	指标
设计耗水量(m³/h)	3727
设计耗水指标[m³/(s·GW)]	0.518
设计取水量(m³/h)	3842
申请取水量(m³/h)	3842

注：1.本图按2×1000MW机组容量计算水量。
　　2.图中水量单位为m³/h。
　　3.图中数字为夏季最高日平均时用水量。

175

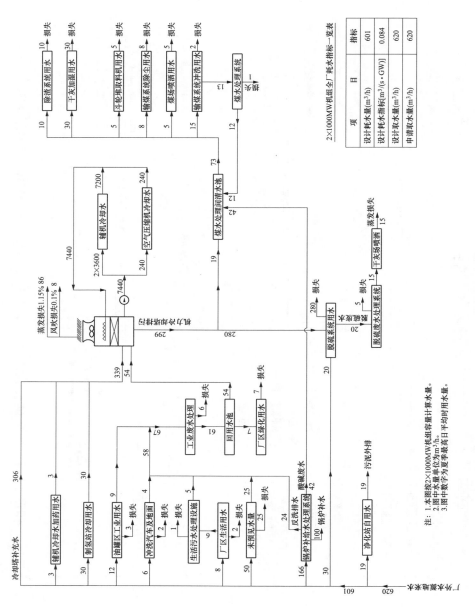

附图 2　采用空冷系统的燃煤火力发电厂（2×1000MW）水量平衡图

注：1. 本图按2×1000MW机组容量计算水量。
2. 图中水量单位为m³/h。
3. 图中数字为夏季最高日平均用水量。

2×1000MW机组全厂耗水指标一览表

项　目	指标
设计耗水量(m³/h)	601
设计耗水指标[m³/(s·GW)]	0.084
设计取水量(m³/h)	620
申请取水量(m³/h)	620

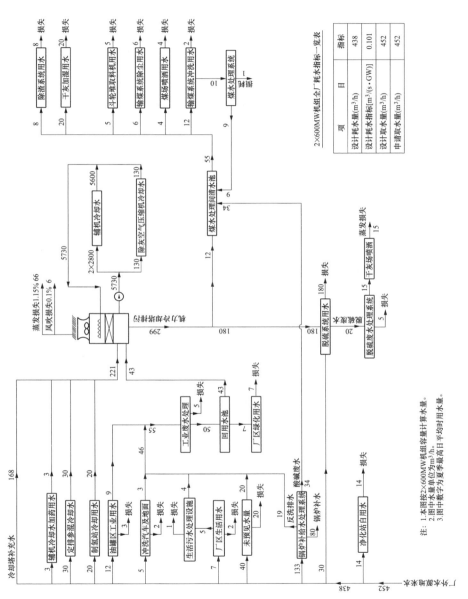

附图 3　采用空冷系统的燃煤火力发电厂（2×600MW）水量平衡图

注：1. 本图按2×600MW机组容量计算水量。
　　2. 图中水量单位为m³/h。
　　3. 图中数字为夏季最高日平均时用水量。

2×600MW机组全厂耗水指标一览表

项目	指标
设计耗水量(m³/h)	438
设计耗水指标[m³/(s·GW)]	0.101
设计取水量(m³/h)	452
申请取水量(m³/h)	452

177

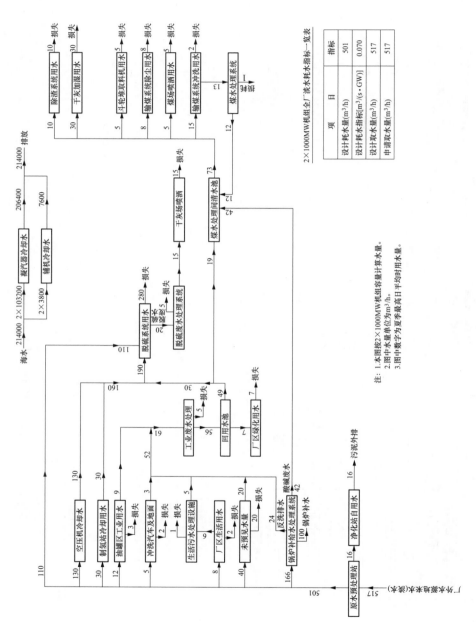

附图 4 采用海水直流供水系统的燃煤火力发电厂（2×1000MW）水量平衡图

2×1000MW机组全厂滚耗水指标一览表

项　目	指标
设计耗水量(m³/h)	501
设计耗水指标[m³/(s·GW)]	0.070
设计取水量(m³/h)	517
申请取水量(m³/h)	517

注: 1.本图按2×1000MW机组容量计算水量。
    2.图中水量单位为m³/h。
    3.图中数字为夏季最高日平均时用水量。

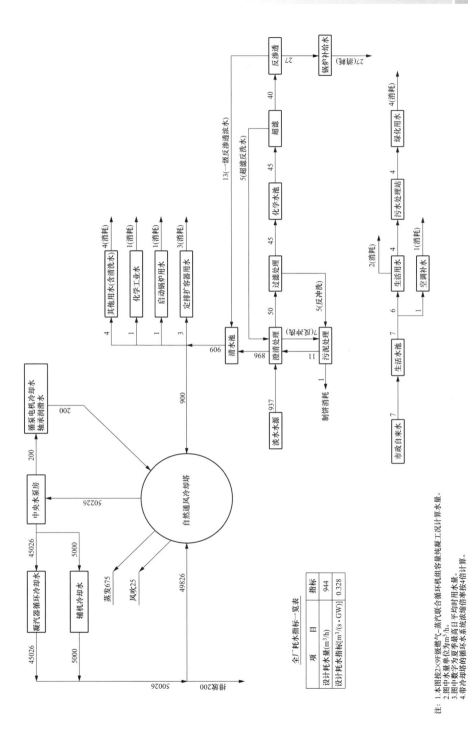

全厂耗水指标一览表

项 目	指标
设计耗水量(m³/h)	944
设计耗水指标[m³/(s·GW)]	0.328

附图 5 采用循环供水系统的 F 级燃机电厂全厂水量平衡图

注：1. 本图按2×9F级燃气-蒸汽联合循环机组容量纯凝工况计算水量。
2. 图中水量单位为m³/h。
3. 图中数字为夏季最高日平均时用水量。
4. 带冷却塔的循环水系统浓缩倍率按4倍计算。

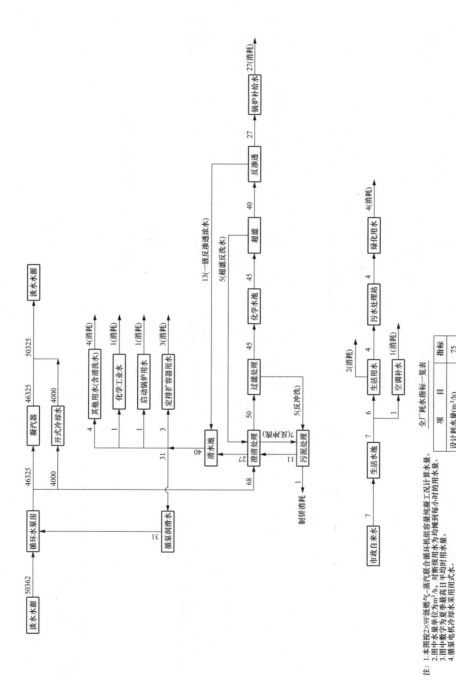

附图 6 采用直流供水系统的 F 级燃机电厂水量平衡图

注：1.本图按2×9F级燃气—蒸汽联合循环机组容量纯凝工况计算水量。
2.图中水量单位为m³/h，对断续用水为小时最高到每小时平均的用水量。
3.图中数字为夏季最高日平均的用水量。
4.循环水泵电机冷却水采用闭式水。

项 目	指标
设计耗水量(m³/h)	75
设计耗水指标[m³/(s·GW)]	0.026

全厂耗水指标一览表

参 考 文 献

[1] 华东建筑设计研究院有限公司 . 给水排水设计手册工业给水处理［M］.2 版 . 北京：中国
建筑工业出版社，2002.

[2] 朱志平，李宇春，曾经 . 火力发电厂锅炉补给水处理设计［M］. 北京：中国电力出版
社，2009.

[3] 赵保华，等 . 常温喷雾蒸发处理含盐水蒸发特性研究［J］. 华电技术 .2018，40（5）：
1-7.

[4] 赵保华，等 . 燃煤电厂脱硫废水排放指标限值的计算方法研究［J］. 化工进展 .2018，37
（S1）：213-218.

[5] 马双忱，范紫萱，温佳琪，等，基于模糊层次分析的燃煤电厂脱硫废水处理可利用技术
评价［J］. 化工进展 .2018，37（11）：4451-4457.

[6] 马双忱，范紫萱，武凯，等 . 低温烟气预浓缩脱硫废水过程中 SO_2 溶解行为实验研究
［J］. 动力工程学报 .2019，39（12）：981-988.

[7] 张维润 . 电渗析工程学［M］. 北京：科学出版社，1995：23-196.

[8] 章晨林，张新妙，郭智，等 . 电渗析法处理含盐废水的进展［J］. 现代化工，2016，036
（007）：13-16.

[9] 杨宝红，王璟，许臻，等 . 火电厂深度节水及废水零排放［M］. 北京：中国电力出版
社，2019.2：243-245.

[10] 邵国华，方棣 . 电厂脱硫废水正渗透膜浓缩零排放技术的应用［J］. 工业水处理，2016，
36（8）：109-112.

[11] 张妙 . 石灰预处理在内蒙古伊泰煤制油外排水减排项目中的应用探讨［J］. 硅谷，2015，
000（003）：127-128.

[12] 张军，郭有智 . 正渗透浓缩浓盐水影响因素研究初探［J］. 水处理技术，2016
（11）：17.

[13] 杨春雨 . 火电厂水平衡试验与废水零排放研究［D］. 北京：北京交通大学，2008.

[14] 李强 . 火电厂废水零排放［D］. 北京：华北电力大学，2003.

［15］袁照威．燃煤电厂脱硫废水零排放处理技术研究进展［J］．煤炭加工与综合利用，2018（10）：49-56．

［16］武超，梁鹏飞，张冲，等．MVR技术处理高盐废水应用进展［J］．化学工程与装备，2020（2）：202-203．

［17］张山山，王仁雷，晋银佳，等．燃煤电厂脱硫废水零排放处理技术研究应用及进展[J]．华电技术，2019，41（12）：25-30．

［18］白璐，陈武，王凯亮，等．燃煤电厂脱硫废水零排放处理技术研究进展［J］．工业水处理，2019，39（4）：16-20．

［19］王学松．现代膜技术及其应用指南［M］．北京：化学工业出版社．2005．

［20］黄维菊，魏星．膜分离技术概论［M］．国防工业出版社．2008．

［21］庞胜林，陈戎，毛进，等．火电厂石灰石-石膏湿法脱硫废水分离处理［J］．热力发电，2016，45（09）：128-133．

［22］邵国华，方棣．电厂脱硫废水正渗透膜浓缩零排放技术的应用［J］．工业水处理，2016，36（8）：109-112．

［23］张广文，孙墨杰，张蒲璇，等．燃煤火力电厂脱硫废水零排放可行性研究［J］．东北电力大学学报，2014（5）：87-91．

［24］龙国庆．燃煤电厂湿法脱硫废水蒸发结晶处理工艺的选择［J］．中国给水排水，2013，29（024）：5-8．

［25］张志荣．火电厂湿法烟气脱硫废水喷雾蒸发处理方法关键问题研究［D］．重庆大学，2011．

［26］马双忱，柴峰，吴文龙，等．脱硫废水烟道蒸发工艺影响因素实验研究［J］．环境科学与技术，2015（S2）．

［27］张净瑞，梁海山，郑煜铭，万忠诚，苑志华，刘其彬．基于旁路烟道蒸发的脱硫废水零排放技术在火电厂的应用［J］．环境工程，2017，35（10）：5-9．

［28］马双忱，武凯，万忠诚，柴晋，张净瑞，刘其彬，温佳琪．旁路蒸发系统对燃煤电厂脱硫系统水平衡和氯平衡的影响［J］．动力工程学报，2018，38（04）：298-307．

后　　记

随着我国经济的快速发展，我国水资源缺乏的矛盾日益突出，开展节水和水污染防治工作是当务之急。燃煤电厂作为用水、排水大户，为了满足国家环保政策的要求，保证电力工业的健康发展，提高发电企业的用水水平，进行节水潜力发掘，降低全厂用水运行成本，改变电厂粗放的用水管理模式，仍任重道远。

开展节水工作是我国电力和环境协调发展的客观需求，社会效益、环境效益、经济效益显著。当前，大力开展节水工作是我国电力工业发展的一个方向。零排放技术作为新发展起来的一种高水平用水方式，它最大限度地减少了新鲜水资源的取用。本书通过对燃煤电厂末端废水零排放的实现方法、技术及所需注意的问题进行详细的描述和讨论，为电厂末端废水零排放的设计和实现提供一定的理论和实践参考，有助于电厂选择合适的、投资费用低、运行费用经济的可行方案。

在实际的电厂运行过程中要实现真正的末端废水零排放是有一定难度的，远没有理论上那么简单。本书详细介绍了当前燃煤电厂末端废水零排放处理方法与工艺流程，包括预处理工艺、浓缩减量工艺及末端固化工艺，预处理是基础，浓缩减量是保证，其关键则是末端固化技术，针对其中部分工艺方法，我们发现有些技术发展仍不太完善，诸多问题亟待解决。

目前，我国末端废水零排放技术仍处于广泛研究与初步应用或试点应用阶段，具体项目需要根据废水水质及电厂现有条件，确定合适的零排放工艺路线。如何选择最佳处理工艺路线，实现低成本的末端废水零排放，实现废水资源化利用，是未来末端废水零排放研究的重点和方向。

编者

2020 年 9 月

华电郑州机械设计研究院有限公司

华电机械院坚持"科研与产业并举、品牌与效益共赢"的发展方针，以"设计咨询与技术服务"为主体，"高端装备研发与制造、系统工程总承包"为两翼的"一体两翼"产业布局为主要发展方向，利用自身在相关领域的科研成果和技术优势，在水利、电力、港口、交通、矿山、冶金、石化、航天和新能源等领域从事设计咨询、监理检测、起重机械、水工机械、电站装备、煤机检修、供热改造、燃气工程、烟囱防腐等业务，为国内外能源领域提供优质的产品和服务。

华电郑州机械设计研究院有限公司先后获得各级科学技术奖励 132 项，其中国家级 7 项、省部级 47 项、市局级 78 项；获得国家发明专利 20 项，实用新型专利 252 项、软件著作权 22 项；主持及参与制定国家标准 11 项、行业标准 23 项、企业、团体标准 3 项。

设计咨询与技术服务
System Engineering

- 电力工程设计、咨询
- 电厂优化用水和水污染防治项目可研与设计
- 电厂水平衡测试
- 特种设备型式试验与安全评估
- 金属材料与焊接接头无损检测
- 材料试验和性能检测
- 电站金属监督、高强螺栓质量检验
- 水电、新能源设备缺陷处理与修复
- 焊接、无损检测、脱硫脱硝等特种专业技术培训
- 水电、新能源设备监理
- 水电、新能源及火电能源工程监理

高端装备研发与制造
Supervision, Inspection and Maintenance

- 安装用龙门吊、门座式起重机、桥式起重机、塔机
- 高塔架风电吊装塔机
- 启闭机、清污机
- 光伏支架
- 高效节能环保型筒仓系统
- 新型条形料场堆料、取料设备
- 天然气调（增）压站、燃机前置模块
- 煤矿液压支架设计、维修、监造

系统工程总承包
Lifting and Hydraulic Machinery

- 智能热网
- 供热（冷）EPC 工程总承包
- LNG 储运气化站油气合建站设计及总承包
- 城镇燃气输气工程设计及总承包
- 烟囱防腐 EPC 工程总承包

电话：0371-58501491　传真：0371-58501234　网址：www.hdmdi.com
地址：河南省郑州市郑东新区龙子湖湖心岛湖心环路 27 号　邮编：450046

郑州国电机械设计研究所有限公司

　　郑州国电机械设计研究所有限公司，原华电郑州机械设计研究院有限公司质检中心，是国内较早从事工程监理、设备监造、产品质量第三方检测、火电厂优化用水和水污染防治项目咨询、工程设计、全厂水平衡测试的技术服务型企业。

　　公司拥有一个国家级试验室：材料力学实验室、化学分析实验室、显微分析实验室、焊接性能检测实验室、耐磨防腐实验室、仿真实验室、无损检测实验室、材料及焊缝的内部质量检测。四个国家级行业检测中心和一个华电集团质量监督检测中心：电力工业金属结构设备质量检测中心、国家电力公司郑州施工机械检测中心、电力工业焊接技术监督检验中心、电力工业耐磨件质量检测中心、中国华电电站设备质量监督检测中心。

主要业务

1. 水利电力工程机电及金属结构设备制造监理及产品质量检测、应力测试、复核计算、安全评估。

2. 火电厂金属监督、压力容器、压力管道无损检测、电力行业无损检测人员职业培训等工作。

3. 火电厂优化用水和水污染防治项目咨询、工程设计、全厂水平衡测试。

电话：0371-58501285　传真：0371-58501234　网址：www.hdmdi.com
地址：河南省郑州市郑东新区龙子湖心岛湖心环路 27 号　邮编：450046

Waltron

EXPERTS IN WATER CHEMISTRY SINCE 1903

WALTRON 在线系列水质分析仪

美国沃创（waltron）公司位于美国新泽西州，成立于1903年。公司注重技术革新，致力于研发和生产领域高品质的水质分析仪，其产品广泛用于在全球范围内的电力、饮料、市政、饮用水等系统中，向用户提供高精度的仪器和专家级的服务。

天津智云汇科技有限公司是美国沃创（waltron）公司的中国总代理，全权负责中国地区的产品销售和技术服务。公司提供水质监测和管理的系统解决方案，满足电力行业对提高运行效率，维持高效运行时间以及降低成本和维护的需求。

美国沃创（waltron）公司建立了全球性的销售及技术服务网络，以其优质的产品和服务赢得了极高声誉。

304X系列

Waltron 系列分析仪表特点
● 便捷的操作触摸界面，广泛的测量范围。
● 持久免维护的测量单元，低廉的运行成本。

9033X

仪表描述	规格型号	测量范围	技术原理
脱气电导率	9096	0-10 µS/cm 0-100 µS/cm	阳离子交换法
计算型pH表	9095	0-10 µS/cm 0-100 µS/cm	阳离子交换法
溶解氧	9061 9065C便携式	0-1000ppb, 0-20ppm 0-2000ppb, 0-45ppm	恒电位法 冷光法
磷表	3042	0-5ppm, 0-20ppm, 0-150ppm*, 0-300ppm*	比色法
硅表	3041	0-500ppb, 0-5ppm, 0-150ppm, 0-300ppm*	比色法
钠表	9033X	0.1ppb-10ppm	离子选择电极法
溶解氢	9091 9091C便携式	0-1000 µg/L, 0-10 mg/L 0-100cc/kg	恒电位法
铁	3048	0-100ppb	比色法
硬度仪 (碱度仪)	3051	0-1000ppb	比色法
	6051 6051M	0.4-3.6, 2.7-26.8, 16.1-160.7, 53.6-535.7ppm	滴定法

9096

9065双通道

9065C

天津智云汇科技有限公司
美国沃创（waltron)中国区代表处
电话：022-83699757
手机：13910518165/16622808559
地址：天津自贸试验区中心大道与东五道交口东北侧颐景公寓9-2-204
网址：http://www.waltron.net

河北铄宇环保科技股份有限公司

　　河北铄宇环保科技股份有限公司是致力于环保工程及节能设备的投资、咨询、安装、营运管理的高新技术企业，拥有多项国家专利，提供专业的环保、节能产品研发设计生产，同时还拥有专业的施工队伍，完善的售后及服务体系，为用户提供一站式的交钥匙服务。

　　公司专业从事工业废水、市政污水、生活污水、中水回用、电厂节能装置、现代化大中小型垃圾中转站建设及运营，脱硫脱销、超低排放、环保在线监测、物联网智慧平台建设及运营等环保工程。

高效电化学处理装置

具有软化功能，阴极 pH 可达 13 以上；

单级暂硬去除率 30% ～ 50%，最高 60%；

采用倒极除垢方式，保持电极表面初始形态；

单元处理设备处理水量大；

不投加包括硫酸、缓蚀阻垢剂等化学药剂。

氧化极化处理装置

通过极化阻垢，保持循环水高碱度运行：可维持循环水 6mmol/L ～ 8mmol/L；

防腐功能：可瞬间产生 26000V 的高压静电，进行阻垢和氧化钝化金属表面。

电解吸附耦合处理装置

同时具备电解、电絮凝、电吸附等功能；

脱氯：单级氯离子去除率 70% 以上，可用于脱硫废水；

脱盐：单级脱盐率 ～ 75% 以上。

地址：河北省石家庄桥西区裕华西路 66 号海悦 F1416
电话：0311-83057830

河北北洋水处理设备有限公司
Hebei Beiyang Water Treatment Equipment Co.,Ltd

北洋水处理 更清洁 更高效

河北北洋水处理设备有限公司是一家已经持续经营超过25年，专注工业水处理设备研发设计、生产制造、系统集成、营销服务、安装调试、运营维护的一体化装备制造企业。北洋公司坚持以科技为引领、以品质为保障作为立身之本；肩负北洋水处理，更清洁、更高效的公司使命；坚定以客户为中心、以奋斗者为本，共同创造、共同分享的经营理念，开发出化学结晶造粒流化床软化系统和高速固液分离流化床净化系统。

化学结晶造粒流化床软化技术可广泛应用于火电、化工、煤矿、钢铁等工矿企业循环水补水和排污水软化处理；市政饮用水软化处理；以及城市中水软化处理等多个领域。产品直径可以从800mm到3800mm，额定处理量25吨至950吨每小时，进出口管径DN80-DN450。

技术优势

结构科学 流速高	进水上升流速可达60m/h～100m/h，可最大限度减少罐体直径。
软化效率高	钙离子去除效率可达90%以上，且可协同去除镁和硅，同时对重金属有一定去除效果。
结晶排粒 且可回收	软化过程无废水产生，排出的碳酸钙颗粒，可做为脱硫剂使用。
综合运行费用低	结构独特，反应效率高，药剂投加更加精准，节省费用。
系统组成设备少	易实现自动控制，且无动力设备，操作简便，便于维护。
占地面积少	核心反应器为罐体，占地面积只有传统软化工艺的五分之一到三分之一。

高速固液分离流化床净化技术可广泛应用于火电、化工、煤矿、钢铁等工矿企业循环水及生产废水和市政水厂废水等高浊度水、废水的净化处理。产品直径可以从1300mm到8000mm，额定处理量30吨至1250吨每小时，进出口管径DN80-DN500。

技术优势

工艺流程短 流速高	系统将混凝沉淀集于一体，上升流速可达20m/h-60m/h。
污泥含水率低 易处理	系统外排污泥含水率可达85%-95%，不需要再设置污泥浓缩池，可减小污泥脱水设备规格。
水质适用范围广 抗冲击能力强	对浊度5-20000NTU的水都有很好的处理效果，出水浊度可达3NTU以下。
可协同去除COD	COD去除率最高可达50%。
占地面积少	整体占地面积只有传统澄清设备的五分之一到三分之一，且附属设备少，可实现自动化操作与运行，维护运营管理简单。

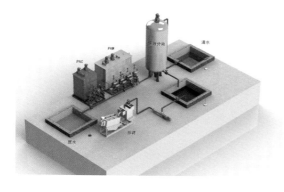

河北北洋水处理设备有限公司
联系电话：0311-83637090 手机：13699219859
运营中心：河北省石家庄市桥西区裕华西路66号海悦天地写字楼C1612
生产基地：河北省石家庄市栾城区装备制造产业园科技街
公司网址：http://chinabeiyang.com

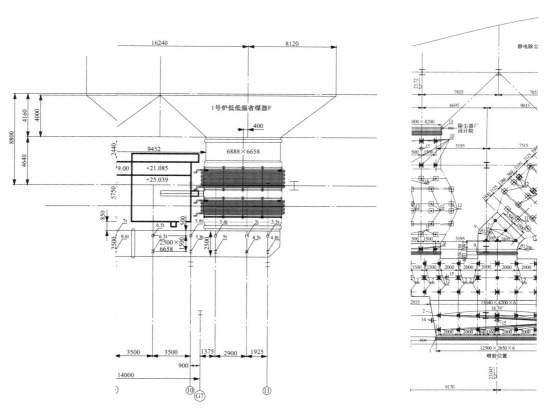

1号炉低温省煤器F

3号机组雾化喷嘴平面布